中等职业教育国家规划教材
全国中等职业教育教材审定委员会审定

模具材料及表面处理

第 2 版

（模具设计与制造专业）

主　编　韦玉屏
参　编　李占坚　梁　映　曾益民
主　审　王晓江

机械工业出版社

本书系统地介绍了模具材料概况、冷作模具材料、热作模具材料、橡塑模具材料、其他模具材料、模具表面工程技术。本书还比较详细地介绍了生产工艺、热处理工艺和表面处理对模具质量和使用寿命的影响，列出了常用模具材料的生产工艺和性能数据，为模具材料的选用提供了依据，并对典型模具的失效原因进行了分析。介绍了热喷涂、电镀、化学镀、镀膜技术、高能束技术等应用于模具的表面处理方法。书中内容丰富，实用性强，突出新材料新技术，反映了近年来国内外模具材料的研究成果和发展方向。

本书可作为中等职业学校模具设计与制造专业的教材，也可供从事模具设计、制造和使用的广大工程技术人员使用。

图书在版编目（CIP）数据

模具材料及表面处理/韦玉屏主编．—2版．—北京：机械工业出版社，2009.6（2025.1重印）

中等职业教育国家规划教材

ISBN 978-7-111-26901-4

Ⅰ．模…　Ⅱ．韦…　Ⅲ．①模具-工程材料-专业学校-教材②模具-金属表面处理-专业学校-教材　Ⅳ．TG76

中国版本图书馆CIP数据核字（2009）第060905号

机械工业出版社（北京市百万庄大街22号　邮政编码100037）

策划编辑：汪光灿　责任编辑：张云鹏

版式设计：张世琴　责任校对：张晓蓉

封面设计：姚　毅　责任印制：单爱军

北京虎彩文化传播有限公司印刷

2025年1月第2版第9次印刷

184mm×260mm · 7印张 · 167千字

标准书号：ISBN 978-7-111-26901-4

定价：28.00元

电话服务　　　　　　　　　　　网络服务

客服电话：010-88361066　　　机　工　官　网：www.cmpbook.com

　　　　　010-88379833　　　机　工　官　博：weibo.com/cmp1952

　　　　　010-68326294　　　金　书　网：www.golden-book.com

　机工教育服务网：www.cmpedu.com

中等职业教育国家规划教材出版说明

为了贯彻《中共中央国务院关于深化教育改革全面推进素质教育的决定》精神，落实《面向21世纪教育振兴行动计划》中提出的职业教育课程改革和教材建设规划，根据《中等职业教育国家规划教材申报、立项及管理意见》（教职成［2001］1号）的精神，教育部组织力量对实现中等职业教育培养目标和保证基本教学规格起保障作用的德育课程、文化基础课程、专业技术基础课程和80个重点建设专业主干课程的教材进行了规划和编写，从2001年秋季开学起，国家规划教材将陆续提供给各类中等职业学校选用。

国家规划教材是根据教育部最新颁布的德育课程、文化基础课程、专业技术基础课程和80个重点建设专业主干课程的教学大纲编写而成的，并经全国中等职业教育教材审定委员会审定通过。新教材全面贯彻素质教育思想，从社会发展对高素质劳动者和中、初级专门人才需要的实际出发，注重对学生的创新精神和实践能力的培养。新教材在理论体系、组织结构和阐述方法等方面均做了一些新的尝试。新教材实行一纲多本，努力为教材选用提供比较和选择，满足不同学制、不同专业和不同办学条件的教学需要。

希望各地、各部门积极推广和选用国家规划教材，并在使用过程中，注意总结经验，及时提出修改意见和建议，使之不断完善和提高。

教育部职业教育与成人教育司

2001年10月

第2版前言

本书是根据教育部批准的“模具设计与制造专业教学改革方案”和“模具材料与表面处理课程教学大纲”编写的中等职业教育国家规划教材。本书可供中等职业学校模具设计与制造专业学生使用，也可供从事模具设计、模具制造和模具使用技术人员阅读。

模具材料是模具设计和制造的基础，对模具的使用寿命、精度和表面质量起着重要的甚至决定性的作用，因此，研究和开发高性能的模具材料，根据模具的工作条件合理选用模具材料，采用适当的热处理及表面处理工艺充分发挥模具材料的潜力，根据模具材料的性能特点选择合理的模具结构及采取相应的维护措施是十分重要的。只有认真做好这些方面的工作，才能有效地稳定和提高模具的使用寿命，防止模具的早期失效，降低生产成本，提高劳动生产率。

本书共六章，分别介绍了模具材料概况、冷作模具材料、热作模具材料、塑料模具材料、其他模具材料、模具表面工程技术。本书还比较详细地介绍了生产工艺、性能特点及选用原则，介绍了热喷涂、电镀、化学镀、镀膜技术、高能束技术等应用于模具的表面处理方法。书中内容丰富，实用性强，反映了近年来模具材料、表面技术应用方面的研究成果和发展方向。

参加本书编写的有广西机电职业技术学院韦玉屏（绪论、第一章、第四章）、李占坚（第二章、第五章）、梁映（第三章）、广西机电工业学校曾益民（第六章）。全书由韦玉屏担任主编，陕西工业职业技术学院王晓江担任主审。

我国的职业技术教育正在迅速发展之中，中等职业技术学校的专业设置、课程体系和教学内容的改革正在探索之中，且由于编者水平有限，书中难免有不妥之处，恳请批评指正。

编　者

2009.4

第1版前言

本书是根据2000年教育部批准的“模具设计与制造专业教学改革方案”和“模具材料与表面处理课程教学大纲”编写的中等职业教育国家规划教材之一。本书可供中等职业学校“模具设计与制造”专业学生使用，也可供从事模具设计、模具制造和模具使用技术人员阅读。

模具材料是模具设计和制造的基础，对模具的使用寿命、精度和表面质量起着重要的甚至决定性的作用，因此，研究和开发高性能的模具材料，根据模具的工作条件合理选用模具材料，采用适当的热处理及表面处理工艺以充分发挥模具材料的潜力，根据模具材料的性能特点选择合理的模具结构以及采取相应的维护措施是十分重要的。只有认真做好这些方面的工作，才能有效地稳定和提高模具的使用寿命，防止模具的早期失效，降低生产成本，提高劳动生产率。

本书共六章，分别介绍了各种冷作模具材料、热作模具材料和橡塑模具材料的牌号、生产工艺、性能特点及选用原则，介绍了热喷涂、电镀、化学镀、镀膜技术、高能束技术等应用于模具的表面处理方法。书中内容丰富，实用性强，反映了近年来模具材料、表面技术应用方面的研究成果和发展方向。

参加本书编写的有广西机电职业技术学院陈勇（绪论、第一章）、重庆工业职业技术学院夏江梅（第二章、第三章）、广西机电职业技术学院韦玉屏（第四章、第五章、第六章）。全书由陈勇主编，夏江梅副主编，陕西工业职业技术学院王晓江主审。

本书由全国中等职业教育教材审定委员会审定通过。李双义教授任责任主审，倪为国、于爱兵副教授审稿。他们对提高书稿质量起了重要作用，在此表示衷心感谢。

我国的职业技术教育正在迅速发展之中，中等职业技术学校的专业设置、课程体系和教学内容的改革正在探索之中，且由于编者水平有限，书中难免有不妥之处，恳请读者批评指正。

编　者

2001.7

目 录

绪 论

一、模具材料在模具工业中的地位

模具是机械、电子、轻工、国防等行业生产的重要工艺装备。随着工业技术的迅速发展，现代制造业对模具的使用寿命、尺寸精度和表面粗糙度等不断提出新的更高的要求。模具制造业已经成为一个发展极为迅速的行业，在许多工业发达国家，模具制造业的产值已经超过机床行业，在基础工业中占着重要的地位。

模具材料是模具制造的基础，模具材料和热处理技术对模具的使用寿命、精度和表面粗糙度起着重要的甚至决定性的作用，因此，研究开发高性能的模具材料，采用先进的生产工艺生产优质低成本的模具材料，根据模具的服役条件合理选用材料，采用适当的热处理工艺和表面工程技术充分发挥模具材料的潜力，根据模具材料的性能特点选用合理的模具结构，根据模具材料的特性采用相应的维护措施是十分重要的，只有这样，才能有效地稳定和提高模具的使用寿命，防止模具的早期失效。

模具材料使用性能的好坏直接影响模具的质量和使用寿命；模具材料的工艺性能将影响模具加工的难易程度、模具加工的质量和加工费用。因此，在模具设计时，除设计出合理的模具结构外，还应选用合适的模具材料及热处理工艺，才能使模具获得良好的工作性能和高的使用寿命。

二、表面工程技术在模具工业中的地位

表面工程技术对模具工业是十分重要的。模具的失效往往开始于模具的表面，模具表面性能的优劣直接影响到模具的使用寿命。模具表面和心部的性能要求通常是不同的，很难通过更换材料或模具的整体热处理来达到这样的性能要求。采用不同的表面工程技术，可提高模具的表面性能，使模具拥有强韧的心部、耐磨耐蚀的表面，使用寿命提高几倍甚至几十倍。

表面工程技术能有效地提高模具表面的耐磨性、耐蚀性、抗咬合、耐氧化、抗热黏附、耐冷热疲劳等性能。模具材料及其热加工工艺的选择必须与表面强化技术结合起来全面考虑，才可能充分发挥模具材料的潜力，提高模具的使用寿命，获得最好的经济效益。例如，由于渗硼层的高硬度、高耐磨性和热硬性及一定的耐蚀性和抗黏着性，渗硼技术在模具工业中获得较好的应用效果。

三、模具材料发展概况

60 多年来，我国的模具工业已发展成为独立的工业体系，在模具材料的研制和热处理技术方面都取得了巨大的成就。为了适应模具工业生产发展的需要，20 世纪 70 年代以来，我国陆续推广了电渣重熔、真空电弧重熔、炉外精炼、六面锻造等新技术新工艺，生产的模具钢产品质量与国外水平相当。模具钢的生产发展从无到有，从仿制到自主开发，在短短的 60 年时间里，模具钢产量已跃居世界前列。绝大部分国外的标准钢号和在科研试制中的模具钢号，我国也都开展了生产和研制工作，形成了具有我国特色的模具用材体系。总的来看，钢材系列比较完整，既包括了国内外通用的性能较好的模具钢，也纳入了一些国内研制

的生产应用中取得良好使用效果的新钢种，基本上可以满足模具制造业的需要。

20世纪80年代，我国对产量较大的大型锻模模块用钢和Cr12Mo1V1（D2）、4Cr5MoSiV1（H13）、塑料模具钢3Cr2Mo（P20）、火焰淬火模具钢7CrSiMnMoV等，组织了重点科技攻关工作，进行了较系统的研究，试制的模块和钢材已经基本上达到进口钢材的水平。

在塑料成型模具钢方面，我国自主研发了06Ni6CrMoVTiAl（06Ni）、Y55CrNiMnMoV（SM1）、Y20CrNi3AlMnMo（SM2）、5NiSCa、25CrNi3MoAl、10Ni3MnCuAlMo（PMS）、0Cr16Ni4Cu3Nb（PCR）等钢，这些钢种的强韧性适当，分别用于注射模、挤出模、压缩模、吹塑模等模具。

在冷作模具钢方面，我国自主研发了6Cr4W3Mo2VNb（65Nb）、6CrNiMnSiMoV（GD）、7Cr7Mo2V2Si（LD）、Cr8MoWV3Si（ER5）、9Cr6W3Mo2V2（GM）等钢，这些钢种具有较高的强韧性，分别用于冷挤模、冷镦模、冷冲模、切边模等模具，使用寿命成倍提高。

在热作模具钢方面，结合我国资源开发了5Cr4W5Mo2V（RM2）、3Cr3Mo3W2V（HM1）、3Cr3Mo3VNb（HM3）、4Cr3Mo3W4VNb（GR）、4Cr5MoSiV1（H13）、4Cr3Mo2NiVNbB（HD）、4CrMnSiMoV等钢，这些钢具有高的热稳定性，高的高温强度和热疲劳抗力，分别用于热挤压模、热锻模、热冲模、热镦模、压铸模等模具，使用寿命比5CrNiMo、5CrMnMo钢高数倍。

四、表面工程技术发展概况

近40年来，有许多新的科学技术渗透到表面强化技术领域，使模具的表面强化技术得到了迅速的发展，由此开发出来的表面强化技术构成了目前材料表面工程技术的主流。例如，激光是20世纪60年代出现的重大科学技术成就之一，20世纪70年代制造出大功率的激光器以后，便开始用激光加热进行表面淬火。激光、电子束用于表面加热后，使表面强化技术超出了热处理的范畴，可以通过熔化—结晶、熔融合金化—结晶过程、熔化—非晶态过程，大幅度改变硬化层的结构与性能。

热喷涂技术作为一种新的表面防护和表面强化工艺在近些年得到了迅速的发展，热喷涂技术由早期制备一般的装饰性和防护性涂层发展到制备各种功能性涂层；由产品的维修发展到大批量的产品制造；由单一涂层发展到包括产品失效分析、表面预处理、喷涂材料和设备选择、涂层系统设计和涂层后加工等在内的热喷涂系统工程。目前，热喷涂技术已经发展成为金属表面工程技术中一个十分活跃的独立领域。

20世纪70年代发展起来的离子注入技术，利用注入离子可得到过饱和固溶体、非晶态和某些化合物层，能改变材料的摩擦因数，提高表面硬度，提高耐磨性及耐蚀性，延长了模具的使用寿命。目前我国已可提供离子注入N、C、B非金属元素和注入Ta、Ti、W等金属元素的生产设备。

还有一些历史较长的表面处理技术，近些年来也得到了飞速发展，例如，电镀技术已由单一的金属镀发展到镀各种合金。尤其是局部电镀技术——刷镀，已经成为公认的金属表面工程新技术，在我国已得到普遍应用。将传统的电镀工艺与近代的激光技术结合形成的激光电镀是新兴的高速电镀技术，其效率比无激光照射的高1000倍。

五、本课程的目的和要求

由于模具材料的种类繁多，性能各异，模具使用性能的好坏、模具使用寿命的长短都与模具材料的选用及表面处理技术有着密切的关系。编写本书的目的是使读者较全面地了解各种模具材料的性能、生产工艺及质量要求，并能根据模具服役的具体条件，合理地选用材料，并能正确地制订生产工艺，从而提高模具的使用寿命，降低产品的生产成本，提高劳动生产率。

学生在学完本课程后应达到如下基本要求：

1）了解当前模具材料的发展现状和发展趋势。

2）明确模具材料及表面工程技术与模具使用性能、使用寿命、生产成本之间的关系。

3）掌握常用冷作模具材料、热作模具材料、塑料模具材料的牌号、性能特点、工艺特点，并能合理选用。

4）熟悉常见的模具表面处理方法。

本课程是在学完“机械工程基础”课程后开设的一门专业课，因此，学生在学习本课程前，必须注意对金属材料部分内容的深入学习。本课程的实践性较强，应尽可能参观一些模具制造及使用单位，以增加学生的感性认识。

在教学中应多采用直观教学、多媒体教学和启发式教学，并培养学生的自学能力，以增加课堂的信息量和课时的利用率，并在后续课程和生产实习、课程设计、毕业设计等教学环节中反复练习。

第一章　模具材料概论

随着工业技术的迅速发展，为了提高产品质量，降低生产成本，提高生产效率和材料利用率，国内外的制造业广泛地采用各种先进的无屑加工、少屑加工工艺，如精密冲压、精密锻造、压力铸造、冷挤压及等温超塑性成型等新技术，代替传统的切削加工。据统计，目前家用电器约80%的零部件依靠模具加工，机电工业中约70%的零部件采用模具成型；塑料制品、陶瓷制品、橡胶制品、建材产品的大部分也采用模具成型。

我国模具工业的发展比较迅速，据1995年不完全统计，全国已经建立了200多个模具专业制造厂和10000多个模具生产点，从业人员达40万人，年产值约145亿元，但模具仍供不应求，每年仍需进口大量的模具，以满足各工业部门的需要。据统计，1995年我国进口模具用汇8.11亿元，居世界模具进口量第一位。

第一节　模具及模具材料的分类

模具是一种高效率的工艺装备，在冶金、电子、轻工、机械制造等行业的生产中广泛应用，而模具的使用效果、使用寿命在很大程度上取决于模具的设计和制造水平，尤其与模具材料的选用和热处理质量的高低有关。

一、模具的分类

为了便于模具材料的选用，通常根据工作条件将模具分为冷作模具、热作模具和型腔模具三大类。

（1）冷作模具　根据工艺特点，可将冷作模具分为冷冲裁模具和冷变形模具两类。冷冲裁模具主要包括各种薄板冷冲裁模具和厚板冷冲裁模具。冷变形模具主要包括各种冷挤压模具、冷镦模具、冷拉深模具和冷弯曲模具等。

（2）热作模具　热作模具可分为热冲切模具、热变形模具和压铸模具三类。热冲切模具包括各种热切边模具和热切料模具。热变形模具包括各种锤锻模具、压力机锻模具和热挤压模具。压铸模具包括各种铝合金压铸模具、铜合金压铸模具及黑色金属压铸模具等。

（3）型腔模具　根据成型材料的不同，可将型腔模具分为塑料模具、橡皮模、陶瓷模具、玻璃模具、粉末冶金模具等。

二、模具材料的分类

用于制造模具的材料很多，通常分为钢铁材料、非铁金属和非金属材料三大类，目前应用最多的是钢铁材料。

（1）钢铁材料　用于制造模具的钢铁材料主要是模具钢。通常将模具钢分为冷作模具钢、热作模具钢和橡塑模具钢三类。

（2）非铁金属材料　用于制造模具的非铁金属材料主要有铜基合金、低熔点合金、高熔点合金、难熔合金、硬质合金、钢结硬质合金等。

（3）非金属材料　用于制造模具的非金属材料主要有陶瓷、橡胶、塑料等。

第二节 模具的失效形式及影响因素

模具失效是指模具失去正常工作的能力。模具的失效有达到预定使用寿命的正常失效，也有远低于预定使用寿命的早期失效。早期失效将带来经济损失，甚至可能造成人身伤亡或设备事故，因此，应尽量避免。模具的失效不能仅理解为破坏或断裂，它还有着更广泛的含义。

对模具的失效进行分析，找出引起模具失效的原因，这样才能采取相应的措施来提高模具的使用寿命。影响模具使用寿命的因素很多，包括模具设计、加工制造、材料选择、热处理工艺、使用和维护等。

一、模具的失效形式

模具的主要失效形式有磨损、断裂、局部崩块、腐蚀、疲劳和变形等。模具在工作过程中可能同时出现多种形式的损伤，各种损伤之间又相互渗透、相互促进、各自发展，而当某种损伤的发展导致模具失去正常功能时，则模具失效。

不同类型的模具，失效的主要形式会有所不同，如冷作模具容易出现脆断失效，而热作模具容易出现冷热疲劳失效；即使同一类型的模具，失效的形式也是变化的。

(1) 断裂失效　根据模具断裂前变形量的大小和断口形状的不同，断裂可分为脆性断裂和韧性断裂两种。造成模具断裂和开裂的原因很多，除了模具安装和操作不当外，与模具设计、材质、热处理工艺等因素有密切的关系。

(2) 磨损失效　模具在工作过程中的相对运动不可避免地会引起磨损，因此，耐磨性是模具钢的基本性能之一。冷作模具的磨损主要是咬合磨损和磨料磨损，热作模具的磨损主要是热磨损。

(3) 疲劳失效　冷作模具承受的载荷都是在一定的能量下，周期性施加的多次冲击载荷，因此，容易出现应力疲劳失效。热作模具长期经受反复加热和冷却所产生的热应力作用，因此，容易出现热疲劳失效，尤其是压铸模具，热疲劳失效约占失效总数的 60% ~ 70%。

(4) 变形失效　在冷镦、冷挤和冷冲过程中，由于冲头的抗压或抗弯强度不足而出现镦粗、下陷、弯曲等变形失效。在热锻模、热辊锻模上、尤其是热锻模的下模，型腔表面在热坯料的热作用下容易出现软化、塌陷等变形失效。

(5) 腐蚀失效　腐蚀失效主要发生在热作模具和塑料模具中，在金属压铸模中比较容易出现冲蚀。在成型含 F、Cl 塑料的塑料模具中容易出现介质腐蚀失效。

二、影响模具失效的因素

(1) 模具结构　模具结构包括模具的几何形状、模具间隙、冲头的长径比、端面倾斜角、过渡角大小、模具中开设的冷却水路、装配结构等。不合理的模具结构可能引起严重的应力集中或高的工作温度。图 1－1 所示为三种反挤压模结构，其中图 1－1c 所示的平端型凸模的单位挤压力比其余两种结构约高 20%，易出现早期失效，但图 1－1a 所示的凸端结构和图 1－1b 所示的尖端结构的倾斜角也不能太大，过大虽能降低挤压力，但凸模容易挤偏，凸模容易折断。

图 1－2 所示为两种不同结构的塔形热挤压凹模，使用图 1－2a 所示的整体式凹模时，

由于模具型腔受急冷急热，极易产生热疲劳裂纹，微裂纹的不断扩展，会发生断裂失效。当改用图 1－2c 所示的组合式凹模后，降低了型腔表面的拉应力，避免了应力集中，不再出现早期失效。

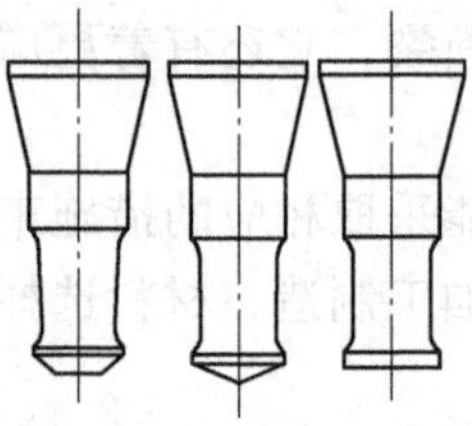

a)　b)　c)

图 1－1　反挤压模结构

a）凸端型　b）尖端型　c）平端型

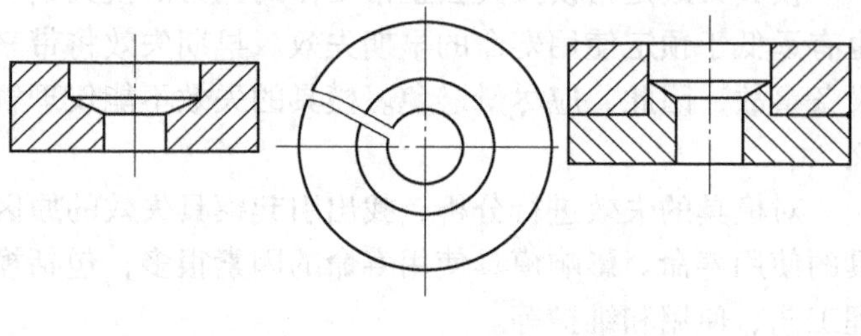

a)　b)　c)

图 1－2　塔形热挤压凹模的早期断裂

a）整体式凹模　b）整体式凹模的早期断裂　c）组合式凹模

（2）模具材料　模具材料必须满足模具对塑性、韧性、强度、硬度、耐疲劳等性能的要求，如不能满足，则模具会发生早期失效。

模具材料的冶金质量对模具的失效也有重大影响。钢中的非金属夹杂物的自身强度和塑性很低，容易形成裂纹源，引起模具早期断裂失效。钢中碳化物的数量过多，形状、尺寸及分布不理想，严重影响钢的冲击韧度及断裂韧度，引起模具的崩块、折断、劈裂等。

（3）热处理及加工制造工艺　热处理不当或工艺不合理，可能导致模具产生热处理缺陷或性能降低，从而引起模具早期失效。如淬火温度过高，会引起钢的过热甚至过烧，引起晶粒长大甚至晶界熔化，使模具的韧度降低，发生崩刃或早期断裂。淬火冷却速度过快或油温过低，都会出现淬火裂纹，甚至早期断裂。

模具加工制造工艺，特别是锻造工艺对模具的影响也很大。若锻造工艺不合理，则达不到打碎晶粒、改善方向性、提高致密度的目的，甚至引发锻造裂纹等缺陷。因此，对锻造加热温度、加热时间、锻后冷却速度应严格控制。模具的切削加工应严格保证尺寸过渡处的圆角半径，圆弧与直线相接处应光滑，工作部位应严禁留有刀痕，保证工作部位光滑无痕。

第三节　模具材料与使用寿命

模具使用寿命的提高，最根本的办法是采用高性能的模具材料。尽管影响模具使用寿命的因素很多，但模具材料的合理选用是一个很重要的因素。

一、模具材料与模具使用寿命

近年来，我国研制出不少适合我国特点的新型高效模具材料，如橡塑模具钢中的 0Cr16Ni4Cu3Nb、10Ni3MnCuAlMo、Y55CrNiMnMoV、5CrNiMnMoVSCa、8Cr2MnWMoVS、06Ni6CrMoVTiAl、Y20CrNi3AlMnMo 等，冷作模具钢中的 6Cr4W3Mo2VNb、7Cr7Mo3V2Si、7CrSiMnMoV、6CrNiMnSiMoV 等，热作模具钢中的 3Cr3Mo3W2V、5Cr4W5Mo2V、4CrMnSiMoV、4Cr2NiMoV、5Cr4Mo3SiMnVAl 等新钢种的采用，都获得提高模具寿命数倍的效果。因此，作为模具设计人员，应正确选用并合理使用模具材料，以保证模具的正常使

用，并提高模具的使用寿命。

模具钢的冶金质量对模具使用寿命有很大的影响，应提出相应的要求，检验合格后再进行加工。采用先进的冶金生产技术，如电渣重熔、炉外精炼、真空脱气等都能明显提高模具钢的冶金质量和模具使用寿命。

二、锻造与模具使用寿命

目前，我国模块的标准化程度较低，钢材的规划较少，用户需将所购的圆钢改锻成模具毛坯，因此，锻造的第一个目的是使钢材达到模具毛坯的尺寸及规格，为后续加工做好准备。锻造的第二个目的是改善模具钢的组织和性能，使大块碳化物破碎，并均匀分布，改善金属纤维的方向性，使流线合理分布，消除或减轻冶金缺陷，提高模具钢的致密度。

从冶金厂购进的钢材首先要检验碳化物的不均匀度，如果碳化物的不均匀度级别大于3级，则钢材的力学性能会明显下降。对这类钢材，要采取多向多次镦拔，以便尽量击碎碳化物，改善锻件金属纤维的方向性。

模具钢的碳含量、合金元素含量都较高，导热性差，特别是高碳高合金钢的锻造温度范围较窄，如操作不当极易锻裂。因此，模具钢的锻造要严格遵守锻造工艺。加热温度不能过高，加热要均匀，加热速度不能太快。锻造时要轻重掌握适度，停锻后应慢冷。

三、热处理及模具使用寿命

热处理可使模具获得所需的组织和性能，保证其在正常服役条件下有一定的使用寿命。但是，如果热处理工艺选择不合理或操作不当，将会产生明显的热处理缺陷，使模具出现早期失效。

预备热处理的主要目的是为模具的机械加工和最终热处理作组织准备，其关键的因素是加热温度、冷却速度及等温温度的选择。

最终热处理的关键是淬火工艺的制订，其中包括淬火加热温度、淬火冷却速度的合理选择。淬火加热时的保护也很重要，如果保护不当，将引起模具表面脱碳，从而降低模具的耐磨性和疲劳强度。对于精密模具或性能要求高的模具，可以采用真空加热或保护气氛加热，确保模具表面无加热缺陷。

回火工艺也是最终热处理中的重要工序，回火一定要充分，高合金钢一般要回火二次以上，这是因为钢中的残留奥氏体是在回火冷却过程中转变为马氏体的，经两次以上的回火，可使残留奥氏体充分转变。否则，将在模具中残留较大的淬火应力，降低模具的韧度。

对于用高合金钢制造的高精度模具，为提高模具的硬度和尺寸稳定性，淬火后可采用-40～-80℃的冷处理。冷处理后，立即进行回火。

第四节　模具材料的选用原则

一般情况下，应根据模具加工能力和模具的服役条件，结合模具材料的性能和其他因素，来选择符合要求的模具材料。对于某一种类的模具，很多材料从基本性能上看都能符合要求，然而必须根据所制成模具的使用寿命、生产率、模具制造工艺的难易程度及成本高低来作出综合评价，这就必须同时考虑模具材料的使用性能、工艺性能和生产成本等因素。

一、模具材料的使用性能

各种模具的服役条件不同，对模具材料的性能要求也不相同。模具设计人员常要根据模具的服役条件和使用寿命要求，合理地选用模具材料及热处理工艺，使之达到主要性能最优，而其他性能损失最小的最佳状态。对各类模具材料提出的性能要求主要包括硬度、强度、塑性、韧性等。

（1）硬度和热硬性　硬度是模具材料的主要性能指标，模具在应力的作用下，应能保持其形状和尺寸不变。因此，模具应具有足够的硬度，如冷作模具的硬度一般应保持在60HRC左右，而热作模具和塑料模具的硬度可适当降低，一般要求在40～50HRC范围内。

热硬性是指模具在高温工作条件下，保持其组织和性能稳定的能力，这是热作模具和重载快速冷作模具的重要性能指标。一般要求在500～600℃条件下，仍能保持足够的硬度。

（2）耐磨性　决定模具使用寿命的重要因素往往是模具材料的耐磨性，模具在服役中承受相当大的压应力和摩擦力，要求模具能够在强烈摩擦下仍保持其精度不变。模具的磨损可分为机械磨损、氧化磨损和熔融磨损三种类型。模具的耐磨性不仅取决于材料的成分、组织和性能，而且与模具的工作温度、压力状态、润滑状态等因素有很大的关系。

（3）强度和韧性　模具在服役中承受拉压、冲击、振动、扭转和弯曲等应力，重负荷的模具往往由于强度不够、韧性不足，造成模具局部塌陷、崩刃和断裂而发生早期失效。因此，使模具材料保持足够的强度和韧性，将有利于延长模具的使用寿命。实践证明，根据服役条件和性能要求，合理地选择模具材料的化学成分、组织状态和热处理工艺，能够得到最佳的强度和韧性配合。

（4）耐疲劳性　模具工作时承受着机械冲击和热冲击的交变应力，热作模具在服役过程中，热交变应力更明显地导致模具热裂。受应力和温度梯度的影响而引起裂纹，往往是在型腔表面形成浅而细的裂纹，它的迅速传播和扩展导致灾难性事故而使模具报废。提高材料的耐疲劳性，可有效地推迟疲劳裂纹的形成与扩展。

二、模具材料的工艺性能

在模具生产成本中，材料费用只占15%左右，而机械加工、热处理、装配和管理等费用占80%以上。所以，模具材料的工艺性能就成为影响模具生产成本和制造难易的主要因素之一。

（1）可加工性　钢材的可加工性主要包括切削、磨削、抛光、冷拔等加工性和可锻性等。模具钢大多属于过共析钢和莱氏体钢，热加工性能和冷加工性能都不太好，所以必须严格控制热加工和冷加工的工艺参数。近年来为改善钢的可加工性，在钢中加入易切削元素或改变钢中夹杂物的分布状态，从而提高模具表面质量和减少刀具的磨损。

随着电子技术的发展，数控机床和加工中心及计算机控制技术的广泛运用，模具钢除应具有良好的可加工性外，还要有良好的镜面抛光性能、电加工性能及压印翻模加工性能等。

（2）淬硬性和淬透性　淬硬性主要取决于钢的碳含量，淬透性主要取决于钢的化学成分和淬火前钢的原始组织。模具对这两种性能的要求根据其服役条件不同各有侧重，对于要求整个截面有均匀一致性能的模具，如热作模具、塑料模具，则高的淬透性显得更重要些；而对于只要求有高硬度的小型冷作模具，如冲裁落料模具，则更偏重于高的淬硬性。

（3）淬火温度和热处理变形　为了便于生产，要求模具钢的淬火温度范围尽可能宽些，特别是当模具采用火焰加热局部淬火时，要求模具钢有更宽的淬火温度范围。除部分采用预硬型钢制作的模具外，绝大多数模具是在切削加工后，通过热处理而获得所需的组织和性能。因此要求淬火时尺寸变化小，各向具有相近似的变化，且组织稳定。

(4) 脱碳敏感性　模具钢在锻造、退火或淬火时，若在无保护气氛下加热，其表面层会产生脱碳等缺陷，而使模具的使用寿命下降。脱碳敏感性主要取决于钢的化学成分，特别是碳含量。在钢中 $w_{Si}=0.8\%\sim1.0\%$，会加剧脱碳。

第五节　模具材料的生产现状和发展趋势

随着工业生产技术的发展和新材料的不断出现，模具的工作条件日益苛刻，对模具材料的性能、质量、品种等方面也不断提出了更高、更新的要求，为了适应这些要求，世界各国近年来都积极地开发了具有各种特性、适应不同要求的新型模具材料。

一、模具钢种的发展

从我国2000年制定的国家标准 GB/T 1299—2000 中的钢号来看，钢种系列比较完整，既包括了国内外通用的性能较好的模具钢，也纳入了一些国内研制的新钢种，基本上可以满足模具制造业的需要。但是在钢种系列、产品结构和应用方面还存在着一些问题。

1）钢种系列有待进一步完善，如用量很大的塑料模具钢，在 GB/T 1299—2000 中只纳入了 3Cr2Mo 和 3Cr2MnNiMo 两个钢号，这显然不能满足各种不同塑料模具的要求。

2）钢种产品结构和选用很不合理，如塑料模具产量很大，但目前很大数量的塑料模具是采用45钢制造的，模具的使用寿命很低，生产的塑料制品质量不高。

冷作模具钢的钢号系列比较完整，但目前占产量70%左右的是 Cr12、Cr12MoV、CrWMn 三个钢号。世界上用量较大、综合性能较好的 Cr5Mo1V 钢，虽已纳入国家标准，但产量很少；耐磨性较好的 Cr12Mo1V1 钢，用量也不大。

热作模具钢的产品结构要好一些，通过近几年的大力推广，世界上应用最广、综合性能较好的中合金铬系热作模具钢 4Cr5MoSiV1 的产量已居热作模具钢的首位。传统的热作模具钢 3Cr2W8V，其耐冷热疲劳性能和韧性较低，生产成本高，在有的国家标准钢号中已被淘汰，但是国内的产量仍较高，年产量仍在1万吨以上，还需要进一步做工作。

1. 塑料模具用钢

20世纪50年代以来，世界塑料工业迅速发展，塑料已经成为一种重要的工业材料。塑料制品大部分采用注射成型，不少工业发达国家塑料模具的产值已经居模具产值的第一位，塑料模具用钢已逐渐发展成为一个专用钢材系列。

我国的专用塑料模具钢还没有形成系列，常选用碳素钢，加工成形后不经热处理就交付使用，因而模具表面粗糙度值较高，图案花纹容易磨损，加工出来的塑料制品外观质量很差。而精密塑料模具常采用合金工具钢制造，可加工性差，热处理变形问题更是无法解决。因此，到目前为止，关键部件的塑料模具材料还依赖进口，这就造成模具成本高，外汇流失严重。有鉴于此，国内有关科研究所和大专院校对塑料模具专用钢进行了研制，并取得了一些进展。

我国近年研制的塑料模具钢主要有 P20BSCa、P20SRe、FT、0Cr4NiMoV（LJ）、TG2、25CrNi3MoAl、10Ni3MnCuAlMo（PMS）、0Cr16Ni4Cu3Nb（PCR）、06Ni6CrMoVTiAl、空冷12、Y82、Y55CrNiMnMoV（SM1）、Y20CrNi3AlMnMo（SM2）钢等。

2. 冷作模具钢

冷作模具是应用范围最广的模具，冷作模具的产值历来居模具制造业的首位，近年来由于塑料模具的迅速发展，在不少工业发达国家已退居模具工业产值的第二位。目前通用的冷作模具钢可分为三大类：

（1）低合金冷作模具钢　以 CrWMn 和 9Mn2V 为代表，耐磨性和热硬性较差，而韧度较高，一般可采用油淬火，成本较低，广泛用于生产批量不大的冷作模具。

（2）中合金冷作模具钢　以 Cr5Mo1V 为代表，具有中等的耐磨性和热硬性，韧度也较高，淬透性好，可以空淬，综合性能好，广泛用于生产中等批量产品的冷作模具。

（3）高碳高铬型冷作模具钢　以 Cr12Mo1V1 和 Cr12 钢为代表，耐磨性和热硬性较高，由于含有大量的共晶碳化物，所以韧性较差，广泛用于生产批量较大，要求耐磨性很高但冲击载荷较轻的冷作模具。

近年来发展的新型冷作模具钢主要有 9Cr6W3Mo2V2（GM）、6CrNiSiMnMoV（GD）、7CrSiMnMoV（CH－1）、8Cr2MnWMoVS（8Cr2S）、5Cr4Mo3SiMnVAl（012Al）、6Cr4Mo3Ni2WV（CG－2）、7Cr7Mo2V2Si（LD）、Cr8MoWV3Si 号 ER5）钢等。

3. 热作模具钢

热作模具钢主要用于制造金属材料热加工用的模具，用量最大的为三类通用型热作模具钢。

（1）低合金热作模具钢　代表性钢号为 5CrMnMo 和 5CrNiMo 等，这类钢有较好的淬透性和冲击韧度，但热硬性不够，一般用于服役温度不高而冲击载荷较大的模具，如锤锻模。

（2）中合金热作模具钢　这类钢为铬系热作模具钢，代表性钢号有 H13（4Cr5MoSiV1）、H11（4Cr5MoSiV）、H12（4Cr5MoWSiV）、H10（4Cr3Mo3SiV）等。这类钢有良好的综合力学性能、高的热强性、抗冷热疲劳性能及耐液态金属冲蚀性，已经广泛用于锻压模具、铝合金压铸模具和热挤压用模具，成为当前应用最广的一类热作模具钢。

（3）高合金热作模具钢　应用最广的是传统的钨系热作模具钢，如 3Cr2W8V 等。用于工作温度较高的模具，近年来大部分已被中合金热作模具钢取代。

为了适应一些热作模具的特殊要求，开发了一些新型高性能热作模具钢，主要有 4Cr3Mo3W4VNb（GR）、4Cr3Mo2MnVNbB（Y4）、4Cr5Mo2MnVSi（Y10）、3Cr3Mo3VNb（HM3）、4SiMnW3Mo2VNb、9Mn9Ni4Cr8V2WMo、5Mn15Cr8Ni5Mo3V2、4Cr3Mo2NiVNbB（HD）、2Cr3Mo2NiVSi（PH）钢等。

二、模具钢品种规格的发展

为了提高模具制造业的生产效率和材料利用率，缩短模具制造周期，配合模具工业的标准化、系列化、设计和制造过程中 CAD/CAM 技术的应用，模具的品种规格迅速向多样化、精料化、制品化发展。

在我国模具钢生产中，中、大型锻造模块已经采用快锻水压机多向锻造，采用大型带锯锯切成形，冶炼采用炉外精炼和真空脱气工艺，产品质量可以与国外进口的模块相比美。大型棒材也已部分采用精锻机或大型轧机生产，尺寸精度较好。但是，钢材的品种单一，90%左右是黑皮圆棒材，精料和制品的比例很低。所以国内的中、小型模块，都是由模具制造厂将圆钢锯切改锻成扁钢、模块，由于采用自由锻改锻，加工余量大，材料利用率低，严重影响模具的制造周期。

三、模具钢内在质量的提高

模具钢的内在质量主要包括两个方面：

（1）提高模具钢的纯净度　降低钢中有害杂质和气体的含量，提高钢的纯净度，是当前各模具钢生产厂的主要努力方向之一。

如将4Cr5MoSiV1钢中磷的质量分数从0.03%降至0.01%，可使淬火回火后的冲击韧度提高1倍，如果进一步降至0.001%，则可提高冲击韧度2倍。将钢中氧的质量分数降低，也可以显著改善钢的韧性。

（2）提高钢的等向性　模具大部分是多向受力的，因此，提高模具钢的等向性，改善钢的横向韧性和塑性，使其与纵向性能接近，就可以大幅度提高模具的使用寿命。

思考与练习

1. 模具及模具材料一般可分为哪几类？
2. 说明模具材料对模具使用性能和使用寿命的影响。
3. 选用模具材料时主要考虑哪些因素？
4. 硬度是如何影响模具材料耐磨性的？
5. 模具失效主要有哪些形式？
6. 影响模具使用寿命的因素主要有哪些？
7. 简述我国模具材料的发展概况。

第二章　冷作模具材料

冷作模具材料种类繁多，主要用于制造冷冲模、冷镦模、冷挤压模、冷拉丝模、滚丝模、冲剪模等模具。由于各种冷作模具的工作条件不完全相同，因此，对冷作模具材料的性能要求也各不相同。综合分析冷作模具的工作条件、失效方式及力学性能，是正确选用模具材料，确定最佳冷热加工工艺的基础。

第一节　冷作模具材料及性能

据不完全统计，我国研制和应用过的冷作合金模具钢达40余种。按化学成分、工艺性能及承载能力的不同可分为碳素工具钢、油淬冷作模具钢、空淬冷作模具钢、高碳高铬冷作模具钢、基体钢和低碳高速钢、高耐磨高强韧冷作模具钢及其他冷作模具钢等，见表2－1。在同一组中，各种材料具有共同的特性，在一定条件下可以相互代用。

表2－1　冷作模具钢分类表

冷作模具材料类型	钢　　号
碳素工具钢	T7A、T8A、T10A、T12A
油淬冷作模具钢	8MnSi、Cr2、9Cr2、CrW5、GCr15、9Mn2、9Mn2V、CrWMn、MnCrWV、9CrWMn、SiMnMo、9SiCr、GD
空淬冷作模具钢	Cr5Mo1V、Cr6WV、Cr4W2MoV、Cr2Mn2SiWMoV、8Cr2MnWMoVS
高碳高铬冷作模具钢	Cr12、Cr12Mo、Cr12MoV、Cr12Mo1V1
基体钢和低碳高速钢	65Nb、LD、012Al、CG－2、LM1、LM2、6W6
高耐磨高强韧冷作模具钢	9Cr6W3Mo2V2（GM）、Cr8MoWV3Si（ER5）
其他冷作模具钢	7CrSiMnMoV（CH—1）、18Ni（200）、18Ni（250）、18Ni（300）、60Si2Mn、7Mn15CrA13VWMo（7Mn15）

冷作模具在工作中往往承受拉伸、压缩、弯曲、冲击、摩擦等机械力的作用，从而发生断裂、变形、磨损、黏合、啃伤、软化等形式的失效。因此，冷作模具材料应具备抗变形、耐磨损、抗断裂、耐疲劳、抗软化及抗黏合的能力。以下就几项重要性能指标分别予以介绍。

一、使用性能

（1）硬度与耐磨性　坯料在冷加工时，在模具与坯料间产生巨大的摩擦而磨损模具工作面。由于金属材料的剧烈变形和强烈的摩擦作用，使模具工作表面瞬时温度上升到200~300℃，有的甚至高达400~500℃，使模具表面软化，加快磨损。正常失效的冷作模具，多数因磨损而报废。因此，硬度和耐磨性是冷作模具材料最基本的性能，模具的硬度一般应高出工件硬度30%~50%。

（2）韧性　模具的工作条件一般比较恶劣，经常处于剧烈的动负荷下工作，其失效形式多为脆性断裂。为防止模具在使用过程中因突然出现裂纹而失效，要求模具材料具有较高的韧度。材料的韧度越高，脆断的危险性越小，热疲劳强度也越高。材料的韧性可用冲击韧度的高低来衡量。

（3）强度　强度是指模具材料在工作过程中，抵抗变形和断裂的能力。对于冷作模具钢，尤其是碳的质量分数高的冷作模具钢，因塑性较差，在很小的塑性变形时即发生脆断，一般不用抗拉强度而用抗弯强度作为强度指标。对于在压缩条件下工作的模具，用抗压强度作为强度指标。

（4）抗咬合能力及抗软化能力　抗咬合能力是指对发生“冷焊”的抵抗能力。抗软化能力是指冷作模具在承载时，温度升高对硬度、变形抗力及耐磨性的影响。

二、工艺性能

（1）可加工性　模具型腔大多需经较为复杂的切削加工制造过程，故模具材料应具有较好的可加工性。实际上，大部分耐磨性高的模具材料，其可加工性较差。即使处于退火状态，其基体硬度也比较高，再加上分布在其中的坚硬碳化物，使切削加工十分困难。

为了获得好的可加工性，模具钢一般均经过球化退火，以得到可加工性较好的粒状珠光体。在模具钢中加入S、Ca等元素，可改善其可加工性。若用硅钙合金脱氧，可大大改善高速切削时的可加工性。如果钙硫复合添加，则能在广泛的切削速度领域内均有良好的可加工性。

（2）热处理变形与开裂　淬火时产生的热应力和组织应力是引起模具零件淬火变形和开裂的原因之一。当模具零件淬火后的内应力超过钢的屈服强度时，会产生塑性变形；当淬火应力超过钢的抗拉强度时，将产生开裂。此外，当材料内部存在显微裂纹、气孔、夹渣等缺陷，模具结构设计不合理时，淬火时也易引起应力集中，导致工件开裂。

（3）淬透性与淬硬性　淬透性是指钢在一定的淬火条件下获得淬硬层深度的能力。淬硬性是指钢正常淬火后能够达到的最高硬度。淬透性与淬硬性是两个不同的概念，后者主要取决于马氏体中碳的质量分数。如高碳工具钢与低碳合金钢相比，前者淬硬性高但淬透性低，后者淬硬性低但淬透性高。

淬透性对钢热处理后的力学性能影响很大，被淬透的零件，经高温回火后，力学性能沿整个截面均匀分布，具有高的韧度。而未被淬透的零件，心部韧度较低。

第二节　碳素工具钢

碳素工具钢是冷作模具钢中价格最便宜的一类。碳素工具钢易于锻造成形，且可加工性也较好。但其主要缺点是淬透性差，变形开裂倾向大，耐磨性和热强性较低。

1. 碳素工具钢的牌号

常用来制作冷作模具的碳素工具钢有 TA7、T8A、T10A、T12A 等。

2. 力学性能

（1）碳的质量分数的影响 钢的硬度主要由碳的质量分数和组织决定，碳的质量分数越高，则硬度越高，耐磨性越好。如 T12A 钢的耐磨性比 T10A 钢高。钢的强度随碳的质量分数的增加而提高，在 $w_C = 0.9\%$ 时达最大值。韧度随碳的质量分数的增加而逐渐降低。

（2）淬火温度的影响 适当提高淬火温度可增加硬化层厚度，从而提高模具的承载能力，但过高的淬火温度又会使强韧性下降。因此，对于容易淬透的小型模具，可采用较低的淬火温度（760～780℃）；而对于大、中型模具，应适当提高淬火温度（800～850℃），或采用高温快速加热工艺。

（3）回火温度的影响 碳素工具钢的硬度随回火温度的升高而下降，在 150～300℃ 回火后，抗弯强度及冲击韧度随回火温度的升高而明显增高，因此应根据不同钢号选择最佳回火温度。

3. 工艺性能

（1）可锻性 碳素工具钢的热变形抗力低，锻造温度范围宽，可锻性好。

（2）退火和正火 经锻造后的模具毛坯需进行球化退火处理，使其具有良好的工艺性能，为切削加工和淬火做好组织准备。

若退火前钢中存在较严重的网状渗碳体，则应先正火处理，消除网状二次渗碳体。若渗碳体网状不太严重，则不一定先正火，只需在球化退火时增加保温时间即可。表 2－2 列出了碳素工具钢的球化退火和正火工艺规范。

表 2－2 碳素工具钢的球化退火、正火工艺规范

钢号	退火加热温度/℃	退火等温温度/℃	退火硬度（HBW）	正火加热温度/℃	正火硬度（HBW）	正火目的
T7A T8A	750～770	680～700	163～187	800～820 800～820	229～285 241～302	促进球化，＜165HBW 时毛坯的切削性能最好
T10A T12A	750～770	680～700	179～207	830～850 850～870	255～321 269～341	加速球化或提高淬透性消除网状碳化物

（3）淬透性及回火稳定性 碳素工具钢的淬透性低，淬火冷却方式有水冷、油冷、分级淬火和双介质淬火等几种。由于碳素工具钢淬火后存在较大的内应力，韧度低，强度也不高，故应进行低温回火，消除钢中的残余应力，改善其力学性能。回火温度的选择按所要求的硬度而定。表 2－3 列出了碳素工具钢的淬火、回火工艺规范，供参考。

表 2-3 碳素工具钢的淬火、回火工艺规范

钢号	淬火			回火		
	加热温度/℃	冷却介质	硬度（HRC）	加热温度/℃	保温时间/h	硬度（HRC）
T7	780~800	盐或碱的水溶液	62~64	140~160 160~180	1~2	62~64 58~61
	800~820	油或溶盐	59~61	180~20	1~2	56~60
T8	760~770	盐或碱的水溶液	63~65	140~160 160~180	1~2	60~62 58~61
	780~790	油或溶盐	60~62	180~200	1~2	56~60
T10	770~790	盐或碱的水溶液	63~65	140~160 160~180	1~2	62~64 60~62
	790~810	油或溶盐	61~62	180~200	1~2	59~61
T12	770~790	盐或碱的水溶液	63~65	140~160 160~180	1~2	62~64 61~63
	790~810	油或溶盐	61~62	180~200	1~2	60~62

4. 应用

T10A 钢是碳素工具钢中性能较好的钢种，其耐磨性高，淬火过热敏感性小，经适当热处理后可获得较高的强度和一定韧度，适用于制作耐磨性要求较高而承受冲击较小的模具。

与 T10A 钢相比，T8A 钢的淬透性、韧度均优于 T10A 钢，但大、中截面模具易残存网状碳化物，故只适用于制作小型拉拔、拉深、挤压模具。T7A 钢的耐磨性不及 T10A，但它有较好的韧性，可用在对韧性要求较高的模具上。T12A 钢的过剩碳化物多，颗粒大且分布不均匀，网状碳化物较严重，可用于要求高硬度和高耐磨性，而对韧性要求不高的切边模和剪切刀。

第三节 油淬冷作模具钢

油淬冷作模具钢是在碳素工具钢的基础上加入适量的 Cr、Mo、W、V、Si、Mn 等合金元素，以提高钢的淬透性、力学性能和回火稳定性。这类钢具有高的硬度、中等的淬透性，其中，CrWMn 钢的淬透性优于 9Mn2V 等钢，而 9Mn2V 钢能在较低的温度下淬硬，其淬火变形会稍小一些。常用的油淬冷作模具钢有 CrWMn、9CrWMn、9Mn2V、MnCrWV 钢等。

一、CrWMn 钢

1. 力学性能

与 9Mn2V 钢和 9SiCr 钢相比较，CrWMn 钢在淬火及低温回火状态下含有较多的碳化物，因而具有较高的硬度和耐磨性。但其碳化物的不均匀性也比较严重，大直径钢材的中心很难避免二次碳化物网。钨能细化晶粒，使钢具有较好的韧性并能减小过热敏感性。由于锰的存在，使淬火后有较多的残留奥氏体，因此淬火变形较小。

2. 工艺性能

（1）锻造工艺　始锻温度1100～1140℃，终锻温度800～850℃。锻后要空冷到650～700℃再转入热灰中缓冷，否则容易形成网状碳化物。

（2）退火工艺　CrWMn钢锻后需等温球化退火，退火加热温度790～830℃，等温温度700～720℃，退火后的组织比较均匀，退火硬度约为225～207HBW。如果锻后有较严重的网状碳化物析出，则在球化退火之前应进行一次正火处理，正火温度为930～950℃，然后空冷。

（3）淬火工艺　淬火加热温度820～840℃，油淬硬度为63～65HRC，直径ϕ40～50mm的钢件油中可以淬透。CrWMn钢经860℃加热、280℃等温淬火后，强韧性明显提高。

（4）回火工艺　回火温度200℃，回火硬度60～62HRC。

3. 应用范围

CrWMn钢的硬度、强度、韧性及淬透性均优于碳素工具钢，主要用作轻载冲裁模具、轻载拉深模具和弯曲翻边模具等，但由于形成网状碳化物的倾向大，因而制作大截面模具时应特别注意。

二、9Mn2V钢

9Mn2V钢是利用锰、钒等元素研制出来的不含铬的冷作模具钢。其中锰的质量分数高达1.70%～2.00%，其目的主要是为了提高钢的淬透性，但晶粒易长大。加入钒可以起到抑制晶粒长大的作用，也能抑制二次碳化物网的析出，所以即使大尺寸的工件，中心碳化物一般也小于2级。

1. 力学性能

9Mn2V钢的碳化物量比CrWMn钢少，颗粒较大，耐磨性不及CrWMn钢，但仍比T10钢的耐磨性高6～7倍。锰使钢的Ms点下降，淬火后残留奥氏体较多，尤甚于CrWMn钢，因此淬火变形比CrWMn钢还小，但其尺寸稳定性不及CrWMn钢。9Mn2V钢的淬透性接近9SiCr钢，低于CrWMn钢；回火稳定性较差，几乎与碳素工具钢相近。

2. 工艺性能

（1）锻造工艺　始锻温度1130～1160℃，终锻温度≥800℃，空冷到650～700℃，再缓冷。

（2）退火工艺　加热温度750～770℃，保温3～5h，等温温度680～700℃，保温4～6h。

（3）淬火工艺　淬火温度780～820℃，油冷，硬度62HRC以上，淬透性较好，ϕ60～ϕ70mm的工件可在油中淬透，热处理变形较小。

（4）回火工艺　回火温度150～200℃，空冷，硬度60～62HRC。回火温度在200～300℃范围有回火脆性及显著的体积膨胀，应设法预防。

3. 应用范围

9Mn2V钢适用于制造一般要求的尺寸较小的冷冲模、冷压模、雕刻模、落料模等。制作板料厚度小于4mm的冷冲模，刃磨寿命稳定在2～3.5万次的水平。

三、9SiCr钢

9SiCr钢是一种专用刃具钢，也可用来制造机床附件和冷作模具，如打印模、滚齿模、搓丝板、冷冲模等，目前正逐步应用到载荷较大的模具，部分取代Cr12钢。

1. 力学性能

9SiCr 钢在不同温度时的力学性能见表 2－4。

表 2－4　9SiCr 钢在不同温度时的力学性能

试验温度 /℃	屈服强度 $\sigma_{0.2}$/MPa	抗拉强度 σ_b/MPa	断后伸长率 δ（%）	断后收缩率 Ψ（%）	抗压强度 σ_{bc}/MPa	扭矩 M/N·m	扭转角 φ（°）	冲击韧度 α_k（J/cm²）	硬度（HBW）
20	456	805	26.2	54.2	3610	155	435	40	243
200	330	722	21.9	47.7	2660	141	396	90	218
400	335	635	32.0	63.4	1830	144	332	100	213
600	176	207	51.5	76.8	1900	62	1990	90	172
700	85	100	58.0	77.2	—	27	2270	150	53
750	73	102	59.3	68.4	223	—	—	370	44.6
800	67	87	70.6	62.5	265	12	3300	360	29.3
850	46	67	51.0	48.3	230	—	—	320	33.6
900	42	52	39.7	30.2	265	115	2250	280	22.7

2. 工艺性能

（1）锻造工艺　始锻温度 1050～1100℃，终锻温度 800～850℃，锻后缓冷。

（2）退火工艺　加热温度 780～810℃，保温 2～4h；等温温度 680～720℃，保温 4～6h。

（3）淬火工艺　淬火温度 860～880℃，油冷，硬度 62～65HRC，可采用分级或等温淬火。

（4）回火工艺　回火温度 180～200℃，硬度 60～62HRC，在 250℃有回火脆性，应避免在此温度范围回火。

3. 应用范围

钢中含有硅和铬，淬透性较好，适宜进行分级或等温淬火，这对于防止模具发生淬火变形极为有利，故适用于制造冷冲模和打印模等。如用 9SiCr 钢制造的螺栓十字槽冲模，经 900℃加热，260～280℃等温 30min，硬度 57～59HRC，强韧性好，使用寿命比经常规处理的冲模提高 3 倍。如果采用锻造余热——高温回火的超细化工艺细化碳化物，再进行等温淬火，其性能和使用寿命还可进一步提高。

四、6CrNiSiMnMoV（GD）钢

GD 钢是一种碳化物偏析小而淬透性高的高强韧钢。GD 钢的合金总量在 4% 左右，它是在 CrWMn 钢的基础上，适当降低碳的质量分数，以减少碳化物偏析，同时添加 Ni、Si、Mn，以加强基体的强度和韧性，少量的 Mo、V，可以细化晶粒，提高淬透性和耐磨性，并提高回火稳定性。

1. 力学性能

GD 钢的强韧性高，强韧性指标接近基体钢，有些韧性指标超过基体钢。GD 钢的冲击韧度、小能量多冲抗力、断裂韧度、抗压强度等均优于 CrWMn 钢和 Cr12MoV 钢，而耐磨性略低于 Cr12MoV 钢，但优于 CrWMn 钢。

2. 工艺性能

（1）锻造工艺　GD 钢的碳化物偏析小，下料后可直接使用。如需改锻，可锻性好，

GD 钢锻造温度区间宽，可以一次成形，成材率可达 80% 以上。其加热温度 1080～1120℃，始锻温度 1040～1060℃，终锻温度≥850℃，由于该钢的淬透性好，锻后注意缓冷，并及时退火。

（2）退火工艺 GD 钢的最大弱点是退火不易软化，推荐采用以下等温球化退火工艺：加热到 760～780℃，保温 2h，然后以 30℃/h 的速度冷却到 680℃，再保温 6h，炉冷到 550℃出炉空冷。退火硬度为 230～240HBW，球化组织良好，可顺利进行各种切削加工。

（3）淬火及回火 GD 钢淬火变形比 CrWMn 小，淬火工艺性能良好，具有优良的淬透性和足够的淬硬性，淬火温度低，温度范围宽，如 ϕ60mm×120mm 试样 880℃油淬，整个截面硬度为 64～65HRC，空淬硬度为 61HRC。

GD 钢的最佳常规热处理工艺为淬火温度 870～930℃，以 900℃最佳，盐浴炉加热，加热系数为 45s/mm，可油淬、空冷或风冷。回火温度为 175～230℃，回火硬度为 58～62HRC。

3. 应用范围

GD 钢的强韧性明显高于 CrWMn 和 Cr12MoV 钢，可代替 CrWMn、Cr12、GCr15、6CrW2Si、9SiCr、9Mn2V 等钢制作各种类型的易崩刃、易断裂的冷作模具，如冷挤模、冷弯模、冷镦模、精密塑料模、温热挤压模等，另外，应用于火焰淬火模具也已取得了可喜的进展。

第四节 空淬冷作模具钢

空淬冷作模具钢的合金含量比油淬冷作模具钢高，且有较好的空冷淬硬性和较深的淬透深度，这对于要求经淬火回火后仍保持形状稳定的复杂模具或高精度模具是十分有益的。

在这类钢中，有中等铬含量的 Cr5Mo1V、Cr6WV、Cr4W2MoV 钢，同时含有铬、锰的 8Cr2MnWMoVS、Cr2Mn2SiWMoV 钢。这些钢具有良好的耐磨性，热处理变形小。淬火温度见表 2－5。

表 2－5 空淬冷作模具钢的淬火温度范围

钢 号	低温淬火温度/℃	高温淬火温度/℃	临界点 Ms/℃	淬火硬度（HRC）
Cr5Mo1V	940～960	980～1010	168	63～65
Cr6WV	950～970	990～1010	150	62～64
Cr4W2MoV	960～970	1020～1040	142	≥62
Cr2Mn2SiWMoV	840～860	—	190	60～63
8Cr2MnWMoVS	860～920	—	220	62～65

一、Cr5Mo1V 钢

Cr5Mo1V 钢是具有较好综合性能的中合金冷作模具钢。在空淬冷作模具钢中，Cr5Mo1V 钢具有较好的淬透性、较高的耐磨性和较小的热处理变形，适用于既要求耐磨性又具备一定韧性的模具。

1. 力学性能

Cr5Mo1V 钢的铬含量中等，共晶碳化物少，碳化物分布均匀，耐磨性好，热处理变形小，淬透性好。Cr5Mo1V 钢可以在较低的淬火温度获得较高的硬度，抗弯强度较 Cr6WV 钢高。

2. 工艺性能

Cr5Mo1V 钢的淬火温度范围比较宽，在 950℃空淬时，可使 50mm×152mm×254mm 的工件淬硬到 62～65HRC。Cr5Mo1V 钢的退火加热温度为 840～860℃，等温温度为 740～760℃，退火硬度为 202～229HBW。淬火工艺见表 2－5。Cr5Mo1V 钢在 200℃和 400℃回火时，其韧度出现两个峰值。

3. 应用范围

Cr5Mo1V 钢具有较好的淬透性和高的硬度，退火硬度低且可加工性较好，广泛用于制造重负荷、高精度的冷作模具。

二、Cr6WV 钢

Cr6WV 钢淬火变形小，淬透性好，具有较好的耐磨性和一定的韧度。由于钢中的合金元素和碳的质量分数较低，所以其碳化物分布较 Cr12 和 Cr12MoV 钢均匀。

1. 力学性能

Cr6WV 钢在淬火低温回火状态下，含有 8%～10%（质量分数）的碳化物和 15%～20%（质量分数）的残留奥氏体，与 Cr12 钢相比，Cr6WV 钢的残留奥氏体较少，碳化物较均匀，强韧性高，但耐磨性低 50%～70%，淬透性不如 Cr12 钢。Cr6WV 钢淬火回火到 57～60HRC，具有优良的强韧性，抗弯强度为 350～400MPa，比 Cr12 钢高 100%，比 Cr12MoV 钢高 30%；冲击韧度比 Cr12MoV 钢高 40%。

2. 工艺性能

Cr6WV 钢易于锻造，切削性能较好，淬火后变形的不均匀性小。淬透性与 Cr12 钢相近，ϕ100mm 的工件在硝盐或热油中分级淬火可淬透，淬火温度为 960～980℃，油淬硬度高于 60HRC。

3. 应用范围

Cr6WV 钢具有广泛的用途，制造具有高强度、要求一定耐磨性和经受一定冲击负荷的模具，主要用于制造大批量生产薄板和中等厚度板料零件的大型冲模，也可用于制造小型精冲模、中等载荷冷挤压凸模。

三、8Cr2MnWMoVS（8Cr2S）钢

8Cr2MnWMoVS 钢是我国研制的易切削精密冷作模具钢，在具有较高强度和韧性的调质状态，仍具有较好的切削性能，使模具在加工后可以直接使用，这对于形状复杂或要求尺寸配合特别高的模具非常适用。

1. 力学性能

8Cr2S 钢具有高的强韧性、良好的切削性能和镜面抛光性能，具有良好的表面处理性能，可进行渗 N、渗 B、镀 Cr、镀 Ni 等表面处理。8Cr2S 钢经不同温度淬火、回火后的硬度见表 2－6。

2. 工艺性能

（1）锻造工艺　8Cr2S 钢的锻造性能尚好，锻造加热温度为 1100～1150℃，始锻温度为 1060℃，终锻温度≤900℃，锻造后，MnS 沿锻轧方向延伸成条状。

（2）退火工艺　可采用球化退火或一般退火工艺，等温球化退火工艺为 790～810℃加热2h，然后冷到700℃，再保温6~8h，炉冷到550℃出炉，退火硬度≤229HBW。

表2-6 8Cr2S钢经不同温度淬火、回火后的硬度值

淬火温度/℃	不同温度回火后的硬度（HRC）											
	160℃	200℃	250℃	300℃	400℃	500℃	550℃	580℃	600℃	620℃	630℃	650℃
860	60.1	59.3	59.0	57.0			49.0	47.0	45.0	44.0		
880	62.3	60.4	58.5	57.5	55.0	53.7	51.1	49.8	47.1	46.6	44.2	36.7

（3）淬火回火工艺　8Cr2S钢的热处理工艺简单，淬透性好，淬火硬度高，作预先淬硬钢时，如860~920℃空淬、油淬或硝盐分级淬火，ϕ100mm的钢材空淬可以淬透，硬度可达到62~64HRC；550~620℃回火2h，回火硬度为40~48HRC，可进行各种常规加工。

3. 应用范围

8Cr2S钢适宜制作各类塑料、橡胶、陶土瓷料等制品的精密模具及印刷板冲孔模。用该钢制作的模具配合精度较其他合金工具钢高1~2个等级。如制作手表零件冲裁模，模具使用寿命比CrWMn钢高3~5倍，模具合格率由原来的20%提高到90%以上，用作电器零件冲裁模，使用寿命较9Mn2V钢提高2~10倍。

第五节　高碳高铬冷作模具钢

高碳高铬模具钢由于其间存在大量硬的碳化物而具有高的耐磨性，并且还具有变形小的特性，满足了某些要求高强度、高耐磨性和淬火变形小，且在小的动载荷下工作的模具的要求，国内常用的高碳高铬冷作模具钢有Cr12、Cr12Mo、Cr12MoV、Cr12Mo1V1。

一、Cr12钢

1. 力学性能

Cr12钢具有较好的淬透性和良好的耐磨性，由于碳含量较高，容易形成不均匀的共晶碳化物，所以冲击韧度较低，易脆裂。

2. 工艺性能

（1）锻造工艺　Cr12钢的变形抗力较大，锻锤吨位要与毛坯的大小相适应，钢的导热性差，加热时必须分段加热。锻造预热温度为750~850℃，锻造加热温度为1050~1100℃，始锻温度为1000~1050℃，终锻温度为850~900℃，锻后采用炉冷或砂冷并及时退火。

（2）退火工艺　Cr12钢一般采用等温球化退火工艺，加热温度830~850℃，保温2~3h，等温温度720~740℃，保温3~4h，退火硬度267~217HBW。

（3）淬火及回火　一次硬化法淬火加热温度为960~980℃，淬火冷却可采用油冷、空冷或分级冷却，硬度为60~64HRC。回火可选择在160~400℃进行，注意避开275~375℃之间的回火脆性区，回火最好进行两次。

二次硬化法淬火加热温度为1050~1100℃，淬火冷却可采用油冷、空冷或分级冷却，硬度为40~60HRC。工件在500~520℃回火三次可获得高硬度。

3. 应用范围

Cr12钢多用于制造承受冲击负荷小、要求高耐磨的冷冲模、冷剪切刃、钻套、量规、拉丝模、搓丝板、拉深模及螺纹滚丝模等模具。

二、Cr12MoV 和 Cr12Mo1V1（D2）钢

1. 力学性能

Cr12MoV 和 Cr12Mo1V1（D2）钢具有较好的淬透性，截面 φ300～400mm 的工件可完全淬透，并有很高的耐磨性。淬火时体积变化小，可用于要求高耐磨的大型复杂冷作模具。与 Cr12 钢相比，碳含量较低，且加入少量的钼和钒，碳化物分布较均匀，有较高的冲击韧度。

2. 工艺性能

（1）锻造工艺　Cr12MoV 和 Cr12Mo1V1（D2）钢的变形抗力比碳素工具钢高 2～3 倍，锻锤吨位要与毛坯的大小相适应。锻造预热温度为 750～850℃，锻造加热温度为 1080～1120℃，始锻温度为 1050～1100℃，终锻温度为 850～900℃，锻打时坚持多向镦拔，多次镦拔，才能保证击碎碳化物。

（2）退火工艺　Cr12MoV 和 Cr12Mo1V1（D2）钢一般采用等温球化退火工艺，加热温度 850～870℃，保温 2～4h，Cr12MoV 钢的等温温度为 720～740℃，保温 3～4h，退火硬度为 207～255HBW；D2 钢的等温温度为 740～760℃，保温 4～6h，退火硬度为≤255HBW。

（3）预调质处理工艺　在高合金钢中，由于淬火温度比较高，预调质处理温度可比模具最终热处理的温度低 10～30℃。回火温度也在较高的温度下进行，使处理后可以进行精加工。

（4）淬火回火工艺　低淬低回工艺：淬火加热温度 950～1000℃，回火温度 200℃，可获得高的硬度和韧度，但抗压强度较低。中淬中回工艺：淬火加热温度 1030℃，回火温度 400℃，可以获得最好的强韧性，较高的断裂抗力。高淬高回工艺：淬火加热温度 1080～1100℃，回火温度 500～520℃，可以获得良好的热硬性，其耐磨性、硬度也较高，但抗压强度和断裂韧度较低。常用高碳高铬冷作模具钢的淬火、回火工艺见表 2－7。在生产中，采用何种淬火回火工艺，应根据模具的工作条件来确定。

表 2－7　常用高碳高铬冷作模具钢的淬火、回火工艺

钢　号	低淬低回工艺			中淬中回工艺			高淬高回工艺		
	淬火温度 /℃	淬火硬度 (HRC)	回火温度 /℃	淬火温度 /℃	淬火硬度 (HRC)	回火温度 /℃	淬火温度 /℃	淬火硬度 (HRC)	回火温度 /℃
Cr12	960～980	60～64	160～400				1050～1100	40～60	500～520
Cr12MoV	950～1000	62～64	200	1030	63～64	400	1080～1100	40～60	500～520
Cr12Mo1V1	950～1000	62～64	200	1030	63～64	500	1080～1100	40～60	500～520

3. 应用范围

Cr12MoV 钢是冷作模具钢中应用范围最广，数量最大的冷作模具钢，几乎所有的冷作模具中均有应用，尤其是形状复杂、高精度或重载荷的模具。但由于 Cr12MoV 钢中有大块共晶碳化物及较严重的网状碳化物，钢的脆性倾向大，因而限制了其应用范围。

Cr12Mo1V1 钢简称 D2 钢，是仿美国 ASTM 标准中的 D2 钢而引进的钢种，已纳入 GB/T 1299—2000 中。与 Cr12MoV 钢相比，由于 D2 钢中 Mo、V 含量的增加，改善了钢的铸造组织，细化了晶粒，改善了碳化物的分布状况。因此，D2 钢的强韧性、回火稳定性比 Cr12MoV 高，耐磨性也有所提高。用 D2 钢制作的冷冲裁模、滚丝模、滚轧轮等，使用寿命均比 Cr12MoV 钢提高 5～6 倍。但 D2 钢的锻造性能及热塑成形性比 Cr12MoV 钢略差。

第六节　基体钢和低碳高速钢

对要求高耐磨性的模具也有采用高速钢来制造的，但往往由于其韧度低而发生早期失效。为提高其韧度而研究发展了基体钢，其化学成分相当于高速钢淬火后的基体组织成分，因基体钢中共晶碳化物的数量少且细小均匀，韧度得到一定提高。常用的基体钢有65Nb、LD、012Al、CG－2、LM1、LM2钢等。

低碳高速钢亦常用于高冲击载荷下耐磨损的模具，应用较多的是6W6Mo5Cr4V钢，它和基体钢都具有接近高速钢的强度，且其韧性好，在某些工艺性方面也有明显的改善。

一、6Cr4W3Mo2VNb（65Nb）钢

65Nb钢是一种含铌基体钢。钢中合金元素Cr、W、Mo、V的含量设计取自淬火态的W6Mo5Cr4V2高速钢的基体成分，合金元素在模具钢中的作用与高速钢中相似。

钢中还加入少量强碳化物形成元素铌，与钢中的碳形成高稳定性的NbC，阻止淬火加热时奥氏体晶粒的长大，与不含Nb钢比较，奥氏体晶粒细化温度提高40～50℃，Nb还部分溶解于Cr、W、Mo、V的碳化物中，增强其稳定性，使淬火后基体的碳量降低，显著提高钢的强韧性，并改善钢的工艺性能。

1. 力学性能

65Nb钢具有较高的强韧性，其韧度比母体高速钢W6Mo5Cr4V2和高碳高铬钢都有较大幅度的提高，在单位压力低于2450MPa的冷挤模、冷镦模上应用时，使用寿命比高速钢和高碳高铬钢成倍提高。但在单位压力超过2450MPa的模具上应用，并要求有高耐磨性的情况下，65Nb钢的抗压强度和耐磨性均显得不足。

2. 工艺性能

（1）锻造工艺　65Nb钢属莱氏体钢，要进行锻造。65Nb钢的可锻性好，加热应缓慢进行，保证烧透。锻造加热温度1120～1150℃，始锻温度1100℃，终锻温度900～850℃，缓冷。

对于镦坯，尤其是大规格坯料，应进行改锻后反复镦拔，使原有带状或网状碳化物破碎、细化，分布均匀。对于带刃口的模具，如切边模，经反复镦拔后基本上克服了刃口剥落现象，使用寿命比仅经拔长的模具提高4～5倍。

（2）退火工艺　65Nb钢的退火工艺有常规球化退火和等温球化退火两种。常规球化退火工艺为860℃加热3～4h，缓慢冷却到500℃出炉；等温球化退火工艺为860℃加热3～4h，冷却到740℃等温5～6h，炉冷到500℃出炉，退火后硬度为217HBW。如将等温时间由6h延长到9h，则硬度进一步降低到187HBW，可以采用冷挤压成形，这是65Nb钢的最大优点。

（3）淬火及回火工艺　65Nb钢的淬火温度为1080～1180℃，淬火加热时间应保证碳化物充分溶解并均匀化，同时不使晶粒长大，在盐浴炉中加热系数以15～20s/mm为宜。根据模具形状和对变形的要求，冷却方式可采用油冷、油淬—空冷和分级淬火等。65Nb钢一般采用二次回火，回火温度范围为520～560℃。表2－8列出了65Nb钢的热处理工艺规范。

3. 应用范围

由于65Nb钢工艺性能良好，热处理工艺范围宽，通过不同淬火温度与回火温度的组合，可得到强度、韧性和耐磨性的不同配合，适应多种模具的性能要求。

表 2-8　65Nb 钢推荐热处理工艺规范

工艺方案		Ⅰ	Ⅱ	Ⅲ	Ⅳ
淬火	温度/℃	1140~1160	1120~1140	1080~1120	1160~1180
	加热系数/(s/mm)	15	20	20	15
	冷却方式	油冷	油冷-空冷或分级	油冷	油淬-空冷
回火	温度/℃	520~540	540~560	540~580	560~580
	加热系数/(s/mm)	60~90	58~60	57~59	59~61
硬度（HRC）		61~63	58~60	57~59	59~61
应用举例		不锈钢表壳冷挤模	十字槽螺钉凸模	电子管阳极凸模	螺栓切边模

65Nb 钢是一种高强韧性冷热兼用模具钢，广泛用于制作各类冷作模具，特别适用于复杂、大型或难变形金属的冷挤压模具和受冲击负荷较大的冷镦模具，有时也用于热作模具，但以冷作模具为主。65Nb 钢还可用于钢铁材料的温热挤压模具。由于 65Nb 抗压强度和耐磨性不足，不能用于单位挤压力超过 2500MPa 的钢铁材料挤压模具及要求高耐磨的模具。

二、7Cr7Mo2V2Si（LD）钢

LD 钢是一种不含钨的基体钢。钢中 C、Cr、Mo、V 的含量都高于高速钢基体，所以钢的淬透性和二次硬化能力都得到提高，未溶的 VC 还能显著细化奥氏体晶粒，提高钢的韧度和耐磨性。加入 1%（质量分数）的 Si 可强化基体，提高回火稳定性。

1. 力学性能

在保持高韧性的情况下，其抗压强度、抗弯强度及耐磨性均优于 65Nb 钢。

2. 工艺性能

（1）锻造工艺　LD 钢的热塑性比高碳高铬钢好，锻造性能类似于 65Nb 钢，加热过程宜缓慢，保证热透。钢锭的加热温度应控制在 1150℃以下，否则易锻裂，终锻温度应高于 900℃，锻后宜砂冷；钢坯的加热温度应控制在 1130℃以下，终锻温度应高于 850℃。

（2）退火工艺　LD 钢的脱碳敏感性比高碳高铬钢大，宜采用真空炉或控制气氛炉进行退火，若在普通加热炉中退火，一定要采取保护措施。退火工艺常采用直接退火，即在 830~860℃下加热，保温 2~3h 后，以不超过 30℃/h 的冷却速冷却至 550℃，随后快冷。也可采用等温退火工艺，即在 830~860℃加热，保温 2~3h 后，以不超过 30℃/h 的速度冷却至 750~770℃等温 4~6h，随后以不超过 30℃/h 的冷却速冷却至 550℃，随后快冷，退火硬度为 241~269HBW。

（3）淬火回火　LD 钢的淬火加热温度可在 1100~1150℃范围内选择，淬火加热必须采取防止氧化脱碳的措施。当采用真空炉加热时，在 1050~1200℃范围内都可获得较高的硬度值，若真空淬火，加热温度比盐浴淬火的加热温度低 20℃，既能获得细晶粒又能提高硬度值。

LD 钢的回火温度为 530~570℃，回火 2~3 次，每次 1~2h，硬度 57~63HRC。具体的淬火、回火工艺应根据模具的服役条件来选择，对要求以强韧性为主的模具，宜选择低的淬火温度（1100℃附近）和 550℃左右回火；对要求高耐磨且在冲击负荷下工作的模具，则宜选用较高的淬火温度（1150℃附近）和 560℃左右回火。

3. 应用范围

由于 LD 钢具有良好的强韧性及耐磨性，与 65Nb 钢相比，其抗弯强度、抗压强度都较

好，磨损系数较小，适合于要求高强韧性、在高冲击负荷下的冷镦和冷冲模具，特别适用于标准件和钢球的冷镦模具及用于汽车弹簧钢板的冲孔冲头，如用于轴承滚子冷镦模、标准件冷镦凸模等，模具使用寿命提高几倍，甚至几十倍，见表2－9。

表2－9　LD钢使用寿命（模具平均使用寿命）　　（单位：千件）

模具名称	汽车板簧冲模	切边模 M10～M12	内六角凸模 M10×25mm～M10×50mm	轴承滚柱凹模	冷挤模 银镍铜槽楔
原使用寿命	0.4～0.6 (Cr12MoV)	0.5～0.6 (Cr12MoV)	2～3 (W18Cr4V)	4～5 (Cr12MoV)	0.306
现使用寿命	4.5	35	8	11	5.8

三、5Cr4Mo3SiMnVAl（012Al）钢

012Al钢是一种含铝的基体钢。012Al钢的综合性能好，强韧性高、通用性强，是冷、热兼用型模具钢，下面仅对012Al钢制作冷作模具方面予以介绍，而012Al的某些高温性能以及在热作模具方面的应用将在热作模具章节中予以阐述。

1. 力学性能

012Al钢经淬火、回火处理后，有较高的抗弯强度、弯曲挠度、冲击韧度和抗压强度，其抗弯强度和弯曲挠度高于W18Cr4V和3Cr2W8V钢。

2. 工艺性能

由于012Al钢含有较高的合金元素，导热性差，变形抗力大，锻造工艺性较差。钢锭应开坯后再改锻成材。在900～1150℃范围有较好塑性，锻造并不困难，成材率可达70%。表2－10列出了钢锭的开坯及改锻工艺。改锻后的钢坯应进行等温球化退火，如图2－1所示。最佳淬火温度在1090～1120℃之间，在500～520℃回火时硬度出现峰值，二次回火后，硬度达60～62HRC。

表2－10　012Al钢锭的开坯及改锻工艺

锻造工艺	入炉温度/℃	加热温度/℃	始锻温度/℃	终锻温度/℃	冷却方式
锭→坯	<750	1120～1150	1050～1100	≥900	箱冷
坯→材	<800	1100～1140	1050～1100	≥850	砂冷

3. 应用范围

012Al钢的抗弯强度及挠度均高于W18C4V钢，用012Al代替高速钢制作冷镦模、中厚钢板凸模、搓丝板、内六角凸模、切边模，很少出现折断现象，其使用寿命比Cr12MoV钢大幅度提高。表2－11列出012Al钢冷作模具使用情况。

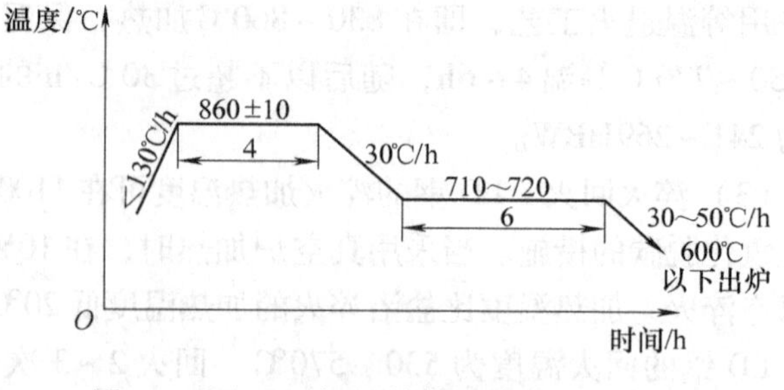

图2－1　012Al钢坯的等温球化退火工艺

四、6Cr4Mo3Ni2WV（CG—2）钢

CG—2钢也是一种冷热兼用的基体钢。将在热作模具章节中予以阐述。

五、6W6Mo5Cr4V（6W6）钢

6W6钢为低碳高速钢，与W6Mo5Cr4V2钢相比，碳的质量分数降低了0.21%，钒的质

表 2-11　012Al 钢冷作模具使用情况

模具名称	模具使用寿命/千次		损坏形式
	Cr12MoV	012Al	
M12 螺母凸模	20~30	120	折断
M12×45mm 切边模	0.5	3.5~5.0	磨损超差
内六角凸模	1.5~2.0（60Si2）	3.0~3.5	头部疲劳折断
冷挤凹模垫片	0.4	1.2	掉块损坏
M6 十字凸模	30~60	>100	疲劳断裂

量分数降低了 1.05%~1.11%，碳化物的不均匀性得到明显改善，淬火状态的抗弯强度和塑性提高了 30%~50%，冲击韧度提高了 50%~100%。

1. 力学性能

6W6 钢有较高的强度和韧度，耐磨性也较好，且有较好的加工工艺性能，多用于要求强韧性高的冷挤压模和冷冲模具。

2. 工艺性能

（1）锻造工艺　6W6 钢因钼含量较高，锻造温度范围较窄，锻造工艺：加热 1100~1140℃，始锻温度 1050~1100℃，终锻温度 800~900℃。6W6 钢的锻造变形抗力较大，需深透锻造，控制流线方向。

（2）退火工艺　6W6 锻后进行退火处理，普通球化退火工艺：加热到 850~860℃保温 1~2h，炉冷到 550℃后出炉空冷；等温球化退火工艺：加热到 850~860℃保温 1~2h，慢冷到 740~750℃保温 3~4h，炉冷到 550℃后出炉空冷，退火硬度 197~255HBW。

（3）淬火及回火工艺　为了获得良好的韧度和较高的耐磨性，通常采用较低温度淬火、较高温度回火，工艺参数：加热到 1180~1200℃淬火，560~580℃回火三次，每次 1.5h，硬度为 60~63HRC。

3. 应用范围

用 6W6 钢可替代高速钢和高碳高铬钢，制作钢铁材料冷挤压冲头或冷镦冲头，使用寿命可提高 2~10 倍，但 6W6 钢的碳含量低，且易脱碳，因此耐磨性稍差。

第七节　高耐磨高强韧冷作模具钢

对冲裁及冷挤压成形模具，因内仍广泛使用 Cr12 模具钢，使用中不仅强韧性差，耐磨性也较差。为提高模具的耐磨性，有时也用高速钢，但因其韧度较低，常发生断裂及崩刃。因此，为了改善 Cr12 钢的碳化物偏析，提高其韧度，并进一步提高钢的耐磨性，各国做了大量研究工作，开发出不少新钢种，如我国的 7Cr7Mo3V2Si（LD1）钢、9Cr6W3Mo2V2（GM）钢、Cr8MoWV3Si（ER5）钢等。

一、9Cr6W3Mo2V2（GM）钢

GM 钢属莱氏体钢，是一种制作精密、耐磨、高使用寿命冷作模具钢，其韧度和耐磨性均高于 Cr12 系列模具钢。钢中碳及铬质量分数只有 Cr12MoV 钢的一半，大大降低了共晶碳化物的不均匀程度，适当增加钨、钼、钒的含量，既可提高淬透性，又可以细化晶粒，提高

基体强度，增强二次硬化效果。

1. 力学性能

GM 钢在韧性和强度上均优于高碳高铬钢及高速钢：硬度和黏着磨损抗力大大优于基体钢和高铬钢，并与高速钢接近。表 2－12 为 GM 钢与 Cr12MoV、D2 钢的力学性能对比。由表可见，GM 钢的抗弯强度明显高于 Cr12MoV 和 D2 钢，而冲击韧度在高的抗压强度、抗弯强度及高硬度状态下仍保持一定水平。无论是一次硬化还是二次硬化处理，GM 钢的耐磨性均高于 Cr12 型钢。

表 2－12　GM 钢与 Cr12MoV、D2 钢的力学性能对比

钢号	热处理工艺	抗压强度 σ_{bc}/MPa	抗弯强度 σ_{bb}/MPa	挠度 f /mm	K_{IC}/ MPa · $m^{1/2}$	冲击韧度 α_K/(J/cm²)（C 形缺口）	硬度（HRC）
GM	1080℃淬火 540℃回火	3300	4808	4.08	20.5	28.0	65.4
	1120℃淬火 540℃回火	3260	3395	3.60	15.5	22.1	65.9
Cr12MoV	1040℃淬火 200℃回火	2764	2401	3.30	14.1	27.4	62.3
D2	1040℃淬火 200℃回火	2719	2104	1.70	23.5	24.0	62

2. 工艺性能

（1）锻造工艺　GM 钢的锻造加热温度为 1100～1150℃，始锻温度 1100℃，终锻温度 850～900℃。加热温度按中下限控制，锻造时严格按照“轻、重、轻”法操作，否则易出现角裂或劈头等缺陷。

（2）退火工艺　GM 钢锻造后要及时进行球化退火，可采用等温球化退火工艺，加热到 860℃ ±10℃，保温 3～4h，然后冷却到 740℃ ±10℃，等温 5～6h，炉冷到 500℃出炉。退火后硬度在 227HBW 左右，易于切削加工。

（3）淬火与回火工艺　GM 钢的淬火温度 1080～1120℃，淬火硬度 64～66HRC。回火温度 540～560℃，回火两次。GM 钢在较宽的奥氏体化温度范围内仍保持较细的晶粒，淬火、回火后的残留奥氏体明显少于 Cr12MoV。

由于合金元素与碳的配比适当，具有高的二次硬化能力，1120～1140℃淬火，540℃二次回火后，硬度可在 64～66HRC，保证了优异的耐磨性能，如采用 1070℃淬火、150℃二次回火的低淬低回工艺，GM 钢的硬度有所下降，约 62～63HRC，但钢的强韧性和耐磨性进一步提高。

3. 应用

GM 钢已在冷轧钢带冲模、印刷板插座凸模、多工位级进模、滚丝轮、切边模上成功地取代了 Cr12MoV 钢，使用寿命大幅度提高。用 GM 钢制作的在高速冲床上使用的多工位级进模，使用寿命比 Cr12MoV 提高数倍，用于制作高强度螺栓滚丝轮，滚制硬度为 40～42HRC 的 42CrMo 钢制螺栓，使用寿命比 Cr12MoV 钢高 10 倍以上。

二、Cr8MoWV3Si（ER5）钢

ER5 钢是在美国专利钢种的基础上研制的冷作模具钢，与 GM 钢有类似的性能，而耐磨损性能比 GM 钢要好。与基体钢相比，ER5 钢提高了 C、Cr、V 等的含量，使 ER5 具有更高

的耐磨性和强韧性。

1. 力学性能

与 Cr12MoV 钢相比，ER5 钢的碳化物数量少，颗粒细小、分布均匀，因此 ER5 钢的强度、韧性均优于 Cr12MoV 钢，耐磨性远远优于 Cr12MoV 钢。与 Cr12MoV 钢的性能比较，见表 2－13。

表 2－13　几种不同热处理的 ER5 钢与 Cr12MoV 钢性能比较

钢号	淬火温度 /℃	回火温度 /℃	抗弯强度 σ_{bb}/MPa	抗拉强度 σ_b/MPa	冲击韧度 α_K (J/cm^2)	硬度 (HRC)	挠度 f/mm
ER5	1120	510	3555.4	3255.6	45.37	64	4.45
		530	3898.4	3296.7	38.42	65	3.94
Cr12MoV	1010	220	2740	2352	16.17	59.5	—

2. 工艺性能

（1）锻造工艺　ER5 钢的可锻性好，始锻温度 1150℃，终锻温度≥900℃。锻后缓冷并及时退火，当接近终锻温度时轻锤快打，可提高锻造质量。

（2）退火工艺　等温退火工艺为加热到 860℃保温 2h，缓冷到 760℃保温 4h，炉冷到 550℃出炉空冷。退火后的硬度达 200～240HBW，易于切削加工。

（3）淬火与回火工艺　对材料既要求高耐磨性又要求高强韧性时，可采用 1150℃淬火，520～530℃回火三次；对重载条件下服役的模具，采用 1120～1130℃淬火，550℃回火三次。

3. 应用范围

用 ER5 钢制作精密、重载和高速冷冲模具，能显著提高模具使用寿命。如铁路轴承滚柱冷锻模，原用 Cr12MoV 钢，平均使用寿命为 4000 次；用 ER5 后模具平均使用寿命为 1 万次。又如电动机硅钢片冷冲模，原用 Cr12MoV 钢，平均使用寿命为 80～150 万次，采用 ER5 钢模具总使用寿命为 360 万次，一次刃磨使用寿命为 21 万次，是国内硅钢片冲模的最高使用寿命。

第八节　其他类型冷作模具材料

一、7CrSiMnMoV（CH—1）钢

CH—1 钢属火焰淬火钢，用其制造大型、复杂的冷作模具。CH—1 钢可用于模具刃口部位，经氧－乙炔火焰加热到淬火温度，然后空冷即达到淬硬目的，变形小，不需经过其他加工。经火焰淬火处理过的模具与碳素工具钢、低合金模具钢相比，具有较长的使用寿命，并可使模具生产周期缩短 10%，成本降低 10%～20%，热处理节约能源 80%左右，为冲模制造工艺实现高效、低成本、节能开辟了新途径。

1. 工艺性能

（1）锻造工艺　CH—1 钢的合金含量低，无大量过剩碳化物，塑性变形抗力低，可锻性好。锻造加热温度 1150～1200℃，始锻温度 1100～1150℃，终锻温度 800～850℃。由于钢的淬透性好，锻后的表面硬度可达 50HRC，因此锻后应灰冷。

（2）退火工艺　为防止脱碳，CH—1 钢的退火应在保护气氛中进行。常用的退火工艺是在 820 ~ 840℃保温后，以 20 ~ 30℃/h 的冷速缓慢冷却到 550℃左右，出炉空冷。若要求获得满意的粒状珠光体组织，可在加热保温后缓冷至 680 ~ 700℃，等温 3 ~ 6h，随后再缓冷。退火硬度为 217 ~ 241HBW。

（3）淬火、回火工艺　推荐的整体淬火、回火工艺为 900 ~ 920℃温度均热保温后油冷或在 200℃硝盐中分级淬火，在 190 ~ 220℃回火 1 ~ 3h，硬度为 58 ~ 62HRC。

火焰淬火工艺：可用单头或双头喷嘴火焰加热空冷淬火，获得 58HRC 的硬度，采用双头喷嘴时，淬硬层深度可达 5 ~ 6mm，用单头喷嘴时，淬硬层深度一般为 2 ~ 3mm。

2. 力学性能

与常用模具钢 9Mn2V、CrWMn、Cr12MoV 比较，CH—1 钢的强韧性占明显优势。火焰淬火能使表面获得高硬度、心部高韧度、模具不易发生开裂、崩刃等，同时表面硬化层形成压应力，可显著提高疲劳强度，延长模具使用寿命。

3. 应用范围

采用火焰加热淬火具有设备简单、操作方便、生产率高等优点，并解决了大型模具表面局部淬火的难题。CH—1 钢在标准件、轴承、电子电器、汽车等行业得到了广泛应用。用 CH—1 钢代替 T10A、9Mn2V、CrWMn、Cr12MoV 钢制作强韧性要求较高的落料模、冲孔模、切边模、弯曲模、压形模、拉深模、冷镦模等冷作模具，可使使用寿命提高 1 ~ 3 倍。

二、马氏体时效钢

马氏体时效钢是超高强度钢中的一种。这种钢突出的优点是热处理工艺简单方便，固溶后先进行机械加工再进行时效，热处理变形小，可加工性能及焊接性能都很好。马氏体时效钢的热处理工艺及性能见表 2 - 14。近年来，国外用马氏体时效钢制作模具较为广泛，但在国内，由于马氏体时效钢含 Ni、Co 等贵重金属元素，因其价格昂贵，尚难以广泛应用。该类钢主要用于精密锻模及塑料模具。

表 2 - 14　几种马氏体时效钢的热处理工艺及性能

钢　号	固溶温度/℃	时效温度/℃	硬度（HRC）	抗拉强度/MPa
18Ni（250）	815	482	50 ~ 52	1850
18Ni（300）	816	482	53	2060
18Ni（350）	816	510	57 ~ 60	2490

三、7Mn15Cr2Al3V2WMo（7Mn15）无磁冷作模具钢

作为无磁模具钢，除具备一般冷作模具钢的使用性能外，还具有在磁场中使用时有不被磁化的特性。7Mn15 钢在各种状态下都能保持稳定的奥氏体组织，具有非常低的磁导率、高的硬度、强度和较好的耐磨性。

7Mn15 钢适用于制造无磁模具、无磁轴承及其他在强磁场中不产生磁感应的结构零件。该钢还具有较高的高温强度和硬度，也可以用来制造 700 ~ 800℃温度下使用的热作模具。

四、硬质合金

硬质合金是将高熔点、高硬度的 WC、TiC 等金属碳化物粉末和粘结剂 Co、Ni 等混合、成型，经烧结而成的一种粉末冶金材料。因与陶瓷烧结过程相似，又称金属陶瓷型硬质合金。

由于硬质合金硬度高，达 87 ~ 91HRC、抗压强度高、耐磨性好，在模具上的应用日益

广泛。用硬质合金制作的模具坚固耐用，使用寿命比一般钢制冲模高30~100倍，且制品的表面质量好，故适用于大批量生产。由于一般硬质合金的基体是硬质的WC、TiC，加工困难，因此硬质合金冲模的成本比钢制冲模高3~4倍，不适用于批量小的冲压件。

根据金属碳化物的种类不同，通常将硬质合金分为两类，一类是钨钴类，牌号用YG表示，如YG25，后面的数字表示钴含量；另一类是钨钴钛类，牌号用YT表示，后面的数字表示TiC的质量分数。

硬质合金的性能特点是具有高的硬度，高的抗压强度和高的耐磨性，脆性大，不能进行锻造和热处理，主要用于制作多工位级进模，大直径拉深凹模的镶块。与钨钴钛类硬质合金相比，钨钴类有较好的强度和韧性，在模具中得到较广泛的应用。常用的硬质合金的化学成分与力学性能见表2－15。

表2－15　硬质合金的化学成分与力学性能

钢号	化学成分（%）		力学性能			
	w_{WC}	w_{Co}	硬度（HRC）	抗弯强度 σ_{bb}/MPa	抗压强度 σ_{bc}/MPa	密度/(g/cm³)
YG15	85	15	86~88	1800~2200	3900	13.8~14.0
YG20	80	20	83~86	2000~2600	3400	13.1~13.3
YG20C	80	20	82~84	1800	3600	13.4~13.7
YG25	75	25	82~84	1800~2700	3200	12.8~13.0
YG25C	70	30	80~82	—	—	12.3~12.8

五、钢结硬质合金

钢结硬质合金是以难熔金属碳化物为硬质相，以钢粉末为粘结剂，经混合压制、烧结而成的粉末冶金材料。其性能介于钢与硬质合金之间，既具有钢的高强韧性，又具有硬质合金的高硬度、高耐磨性。钢结硬质合金可以进行锻造、机械加工、热加工。

钢结硬质合金的硬质相主要是WC和TiC。以TiC为硬质相的硬质合金有GT35、T1、TM60等。WC钢结硬质合金是我国20世纪60年代研制的，以牌号TLMW50供应市场。第二代WC钢结硬质合金是在20世纪80年代研制的，简称DT合金，是较理想的模具材料。

钢结硬质合金的硬度高（70HRC）、热硬性好，耐磨性与硬质合金相近，淬火变形小，并具有耐热、耐蚀和耐氧化等优良性能，用其制作模具，使用寿命比模具钢提高几倍到几十倍。表2－16列出了钢结硬质合金的主要类型、化学成分及性能。

表2－16　钢结硬质合金的主要类型、化学成分及性能

类型	牌号	钢基体	硬质相及质量分数	硬度（HRC）		抗弯强度 σ_{bb}/MPa	冲击韧度 α_K/(J/cm²)	密度/(g/cm³)
				退火态	淬火态			
WC	TLMW50	合金钢	50% WC	35~40	66~68	2000	7.8~9.8	10.2
	GW50	合金钢	50% WC	38~43	69~70	1700~2254	10.8~12.1	10.2
	DT	合金钢	40% WC	32~36	62~64	2450~3530	14.7~19.6	9.7
TiC	GT35	合金钢	35% TiC	39~46	67~69	1372~1764	5.8~6.0	6.5
	T1	钨钼高速钢	35% TiC	44~48	68~72	1274~1470	3.0~4.9	6.6
	TM60	高锰钢	45% TiC	59~61	59~61	2058	9.4~10.6	6.2

六、低熔点合金

低熔点合金是指熔点在300℃以下的合金。用这类材料制造模具具有周期短、成本低、工艺简单、无需机械加工等特点，因此，近年来开始用这类合金制作多品种、小批量试制生产的塑料模、拉深模和成型模等。

七、锌基合金

锌基合金是以锌为基体的锌、铝、铜三种元素的合金，并加入微量的镁组成。锌基合金具有一定的强度，可以制造冲裁模、拉深模、弯曲模、成型模等。适用于薄板零件的中小批量生产和新产品试制。

用于制造模具的锌基合金成分为 $w_{Al}=4.5\%$、$w_{Cu}=3.5\%$、$w_{Mg}=0.03\%\sim0.06\%$、$w_{Zn}=92\%$。其熔点为380℃、密度为6.7g/cm^3、收缩率为1.0%～1.3%、硬度为120～130HBW、抗压强度为550～560MPa、抗拉强度为220～240MPa、抗剪强度为250MPa、抗弯强度为370MPa、伸长率为1.3%～2%、冲击韧度为6～8J/cm^2。锌基合金具有良好的铸造工艺性和切削性能，且可以重熔后再使用。

第九节　冷作模具材料的选用

模具材料对模具的正常使用、模具使用寿命和模具成本的影响很大。选材时应综合考虑模具的种类、产品的数量、制件材料和制作复杂程度等因素，而对于模具材料本身，则要考虑它的力学性能、耐磨性、耐热性、热变形、淬透性、可加工性、价格和供货情况等。

1. 满足模具的使用性能要求

根据实际使用条件，综合考虑模具的工作条件、模具结构、尺寸和生产批量等，确定模具材料应具备的主要性能指标，以满足主要的几个性能要求来选择模具材料。

1）承受大负荷的重载模具，应选用高强度材料；承受强烈摩擦和磨损的模具，应选用硬度高、耐磨性好的材料；承受冲击负荷大的模具，应选用韧性高的材料。

2）形状复杂、尺寸精度要求高的模具，应选用微变形材料。

3）结构复杂、尺寸较大的模具，宜采用淬透性好、变形小的高合金材料；或制成镶拼结构。

4）对于小批量生产或新产品试制，可选用一般材料，如碳素钢；当生产批量大或自动化程度高时，宜选用高合金钢或钢结硬质合金等材料。

2. 考虑模具材料的工艺性能

模具材料一般应具有优良的可锻性与切削性能即锻造的温度范围宽，容易切削加工。对尺寸较大、精度较高的重要模具，还要求有较好的淬透性，较小的氧化脱碳和淬火变形、开裂倾向等。对要焊接加工的模具，材料应有较好的可焊性。

3. 经济性

模具材料发展很快，品种在不断增多，材料选用应结合实际条件，在满足前两项要求的前提下，尽可能选用价格低廉的一般材料，少用特殊材料；多用货源丰富、供应方便的材料，少用或不用稀缺和贵重材料。

一、冲裁模

1. 冲裁模的工作条件和性能要求

冲裁模主要用于各种板材的落料与冲孔，模具的工作部位是凸、凹模的刃口，刃口工作时承受冲击力、剪切力、弯曲力及剪切材料的强烈摩擦力，因而对冲裁模的性能要求主要是指对模具刃口的性能要求。

根据板料的厚度，冷冲裁模具可分为薄板冲裁模（板厚≤1.5mm）和厚板冲裁模（板厚>1.5mm）两种，对于薄板冲裁模，要求模具用钢具有高的耐磨性；对于厚板冲裁模，除要求高的耐磨性、抗压强度外，还应具有高的强韧性，以防止模具崩刃或断裂。表2－17列出了对不同冲裁模具的硬度要求。

表2－17 冲裁模具的硬度要求

名称		单式、复式硅钢片冲模	级进式硅钢片冲模	薄钢板冲模	厚钢板冲模	修边模	剪刀	φ5mm以下小凸模
硬度（HRC）	凸模	58～62	56～60	56～60	56～58	50～55	52～56	54～58
	凹模	58～62	57～61	56～60	56～58	50～55	—	—

2. 冲裁模工作零件材料的选用

冲裁模具材料的选用，主要应考虑模具使用寿命的高低，此外还应考虑冲压件的材质，不同材质的冲压件，其冲压的难易程度相差很大；另外还应考虑冲压件的产量，如批量不大，就没有必要选用高性能的模具材料；还要考虑材料价格以及模具材料费占模具总费用的份额，如模具形状复杂，很难加工，加工费用占模具总费用的比例很高，而模具材料费只占总费用很小的比例，就应选高性能的模具材料。为进一步提高厚板冲裁模具使用寿命，国内研制了多种新型模具钢，如LD、65Nb、012Al、CG—2、LM2、GD、6W6、火焰淬火钢7CrSiMnMoV及马氏体时效钢等，用新型模具钢制造模具，可大幅度提高模具使用寿命。各种冲裁模具材料的选用见表2－18。

表2－18 冲裁模具材料的选用

类型	工作条件	材料
薄板冲裁模	形状简单、尺寸小、批量小	T10A
	形状较复杂、批量小	9Mn2V、CrWMn、8Cr2S、Cr5Mo1V
	形状复杂、批量大	Cr12、Cr12MoV、D2、W6Mo5Cr4V2
	冲制强度高、变形抗斩大的板材	Cr12、D2、Cr4W2MoV、GD、GM、ER5
厚板冲裁模	批量较小	T8A
	批量较大	W6Mo5Cr4V2、012Al、6W6
		Cr12MoV、D2、CG—2、LD、GM、ER5
剪切刀	剪薄板的厚剪刀	T10A、T12A
	薄剪刀	9SiCr、CrWMn
	剪厚板的剪刀	5CrW2Si

二、拉深模

1. 拉深模对材料的性能要求

拉深时，冲击力很小，要求模具材料具有高的强度和耐磨性，在工作时不发生黏附和划伤，具有一定韧度和较好的切削性能，并要求热处理变形小。根据拉深材料的强度和厚度不同，可将拉深模分为重载拉深模和轻载拉深模两类，如果拉深的板料较厚、强度较高，属于重载拉深；如拉深件料较薄、强度较低属轻载拉深。

通常要求拉深凸模热处理后硬度为58～62HRC，凹模硬度为62～64HRC。当拉深件生产批量很大时，则要求拉深模具有很高的使用寿命，应对模具进行渗氮、渗硼、镀硬铬、渗钒等表面处理，对中碳合金钢模具还应进行渗碳处理。

2. 拉深模材料的选用

1）小批量生产，可选表面淬火钢或铸铁。

2）轻载拉深模，可选T10A、9Mn2V、CrWMn、GD、65Nb等钢。

3）重载拉深模，应选用强度较高的Cr12、Cr12MoV、Cr12Mo1V1、Cr5Mo1V、GM、ER5等钢。当用硬质合金镶嵌模具时，所用硬质合金随模膛尺寸大小而定。模膛尺寸不足10mm时，采用YG6合金，直径10～30mm时，用YG8合金。

三、弯曲模

1）小件弯曲、卷边、成型用模具，因承受负荷较轻，摩擦较小，无论加工铝合金、铜合金或钢，均可选用45、T10A、GD钢。

2）中件弯曲、弯边、成型用模具，承受负荷较大，摩擦较剧烈，小批量生产可选用低熔点合金、锌基合金，生产批量较大时，宜选用CrWMn、6W6、Cr12型钢或以硬质合金作镶块镶嵌在低熔点合金或锌基合金的基体中。

四、拉丝模（工作条件与拉深模相似，凹模硬度>64HRC）

1）拉铝、铜合金细丝用模具，可选T10A、T12A、6W6钢。

2）拉非铁金属的粗棒或钢丝，应选用Cr12、Cr12Mo1V1、ER5、GM钢、硬质合金等。

五、冷挤压模

1. 冷挤压模的工作条件及性能要求

按被挤压金属的流动方向与挤压凸模运动方向之间的关系，可将冷挤压模具分为正挤压、反挤压和复合挤压三种。

（1）工作条件　冷挤压模具属重载模具，当反挤压抗拉强度为400MPa的低碳钢时，凸模受到的压应力可达到2500MPa；而当挤压低合金钢、调质钢或不锈钢时变形抗力更高。

（2）性能要求　由于模具在挤压过程中承受极大的挤压力，故要求模具材料有高的抗压强度和抗弯强度，且必须具有高的强韧性和耐磨性。一般要求硬度61～63HRC；另外还要求模具材料有较高的高温强度和冷热疲劳抗力。

2. 冷挤压模具材料的选用

挤压的材料不同，变形抗力也会有所不同，对模具材料的要求也不同。T10A、CrWMn、60Si2Mn、Cr12、W18Cr4V、W6Mo5Cr4V2及新型模具钢均可作为冷挤压模具材料。目前工厂最常选用的是60Si2Mn、Cr12、Cr12Mo1V1、6W6、GM、ER5、LD、65Nb、012Al、LM1、LM2、GD钢、马氏体时效钢和硬质合金等。

六、冷镦模

冷镦具有生产效率高、节能、节材，提高零件的强度和精度，适用于大批量自动化生产等特点，主要用于紧固件、滚动轴承、滚子链条及汽车零件的加工。

1. 冷镦模具的工作条件及性能要求

冷镦成形时，冷镦凸模受到强烈的冲击（60～120次/min），凸模承受的压应力，最大可超过2500MPa，因此必须采用高强韧性合金工具钢制造此类凸模。冷镦凹模模膛承受冲击性胀模力，模膛表面承受强烈的摩擦力，模膛内壁出现磨损沟痕，将导致应力集中部位发生开裂。因此，冷镦模应具备高硬度（凸模60～62HRC，凹模58～61HRC）、高强度、高耐磨性和高的冲击韧度，以提高模具在冲击载荷下的断裂抗力和疲劳抗力。

2. 冷镦模具材料的选用

（1）一般载荷冷镦模具　一般载荷冷镦模用于生产形状简单、负荷较小、变形量不大、冷镦速度不很高的低碳钢或中碳钢冷镦件，冷镦凸模可采用T10A、60Si2Mn、9SiCr、GCr15、6W6等钢制造；凹模可采用T10A、GCr15、Cr5Mo1V、Cr12Mo1V1、GD、65Nb钢等。

（2）重载冷镦模用钢　重载冷镦模用于生产变形量较大、形状较复杂、强度较高的合金钢或中高碳钢冷镦件。这类模具通常采用Cr12、高速钢及新型冷作模具钢，如012Al、65Nb、LD、RM2、LM1、LM2、GM、ER5、CG—2钢等。新型模具钢具有较高的淬透性和淬硬性，具有很高的抗压强度、耐磨性和较好的韧度，因此，用新型冷作模具钢材制作冷镦模，可成倍提高模具使用寿命。

七、冷冲模结构零件材料的选用

冷冲模结构零件材料的选用参考表2－19。

表2－19　冷冲模结构零件材料的选用

零件名称	材料牌号	热处理工艺	硬度（HRC）
上、下模座	HT200、Q235、ZG310—570		
模柄	Q275		
导柱	20、T10A	（渗碳）淬火、回火	60～62
导套	20、T10A	（渗碳）淬火、回火	57～60
凸、凹模固定板	Q235、Q275		
承料板	Q235		
卸料板	Q275		
导料板	45	淬火、回火	43～48
导料销	45、T7A	淬火、回火	43～48或52～56
导正销、定位销	T7、T8	淬火、回火	52～56
垫板	45、T8A	淬火、回火	43～48或54～58
螺钉	45		
销钉	45、T7		
推杆、顶杆、顶板	45	淬火、回火	43～48
拉深模压料圈	T8A	淬火、回火	54～58
定位板	45、T8	淬火、回火	43～48或52～56
楔块、滑块	T8A、T10A	淬火、回火	60～62
弹簧	65Mn、60Si2Mn	淬火、回火	40～45

第十节　冷作模具材料选用实例

一、铝箔制品高精密复合成形模具

铝箔制品如图2－2所示，料厚为0.065～0.085mm。从产品图可以看出其生产工序包括：①落料；②第一级拉深；③压形；④第二级拉深；⑤卷边；⑥顶出工件等。铝箔成形模具是一副高精密复合成形模具，它一次性完成上述工序，且实现了在国产普通开式自动压力机上高速全自动化生产。

模具结构如图 2－3 所示，模具上、下部分均配有一个二级联动气缸。上模部分常通气，相当于气压弹簧，分别压着拉伸凹模和打件器。下模二级联动气缸图中未画出，大气缸充气卷边，小气缸充气顶出工件。

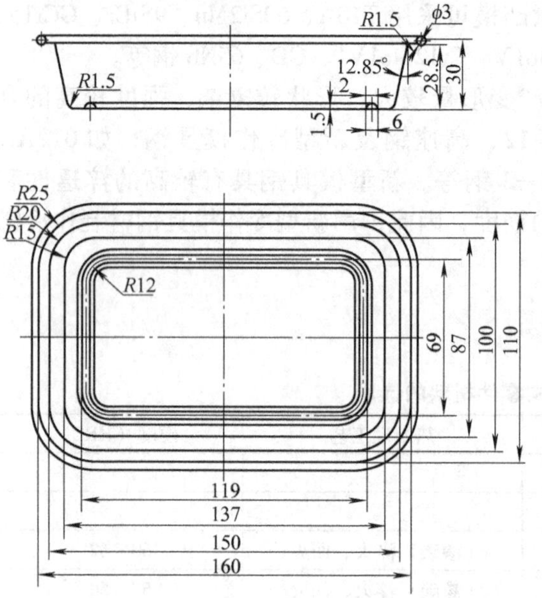

图 2－2　铝箔制品

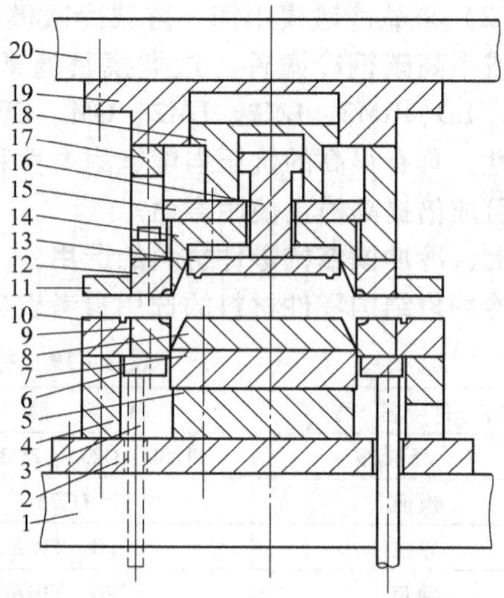

图 2－3　铝箔制品模具结构

1—下模板　2—下垫板　3—顶杆　4、5—凸模座　6—压边圈垫板　7—二级拉深凸模　8—一级拉深凸模　9—压边圈　10—落料凹模　11—卸料板　12—落料凸模　13—打件器　14—拉深凹模　15—垫板　16—小活塞　17—落料凸模座　18—大活塞　19—气缸　20—上模板

模具中的落料凸模 12 因要参与拉深，选用 Cr12Mo1V1 钢，淬火硬度为 58～62HRC。落料凹模 10 则需选用较软的材料，且能方便地调整模具间隙，选用 GD 钢，硬度为 28～32HRC。

第一级拉深凸模 8 选 45 钢，淬火硬度为 28～32HRC，第二级拉深凸模 7 选 Cr12Mo1V1 钢，拉深凹模 14 选 Cr12Mo1V1 钢，淬火硬度为 58～62HRC。

二、小煮锅胀形模具

图 2－4 为小煮锅的立体示意图，材料为 1Cr18Ni9，制件的尺寸精度要求不高，但要求外观形状美观。锅体与锅盖均需经落料、拉深、胀形、切边、局部成形、冲孔等多道工序才能成形。

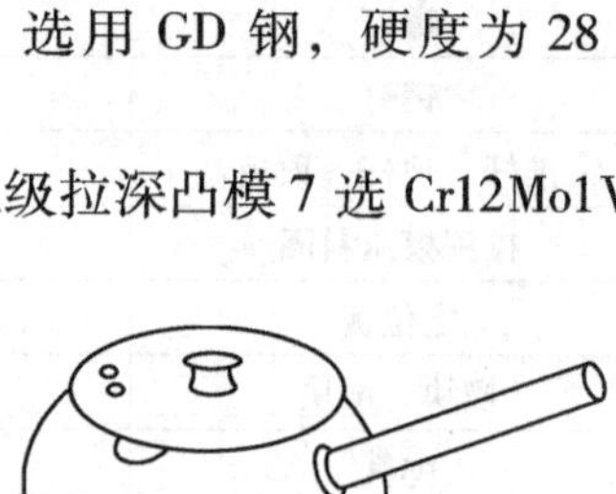

图 2－4　小煮锅

锅体中部凸出，口部尺寸较小，如果采用刚模胀形，凸模需要分块制造，若分块数较少，制件轮廓不够光滑、清晰。若凸模分块数增加，虽可提高胀形精度，但模具制造困难，使用维修不方便。如果采用弹性凸模、刚性凹模胀形，弹性凸模

变形均匀，传力可靠，故易保证制件的几何形状，如图 2－5 所示。因此，凸模材料选用聚氨酯橡胶，凹模材料选用 Cr5Mo1V 钢。

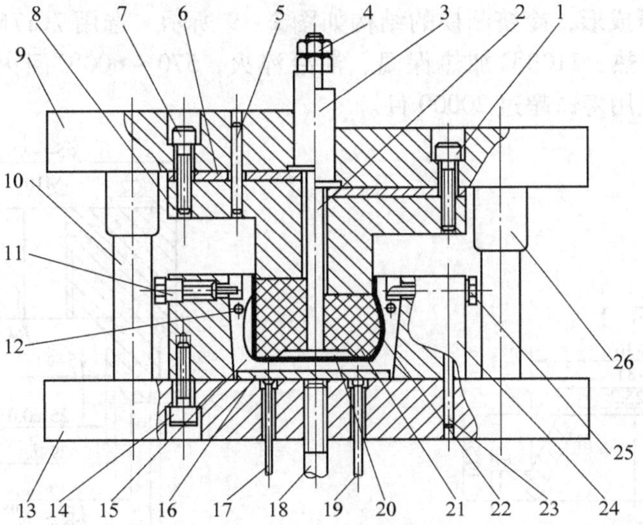

图 2－5　小煮锅模具结构

1、7、14—螺钉　2—拉杆　3—模柄　4—螺母　5、23—销钉　6—垫板　8—凸模　9—上模座　10—导柱　11、25—自动分模装置　12—定位销　13—下模座　15—分瓣凹模　16—顶板　17、19—顶杆　18　螺栓　20　压板　21　橡皮凸模　22　制件　24　模套　26　导套

三、反挤深杯件模具

图 2－6 为直孔活塞销半成品的示意图，其内孔要求为冷挤压直通孔，材料为 20Cr。半成品的成形可采用深杯冷挤成形后冲去杯底的工艺，工艺路线为制坯→反挤深杯→冲裁杯底→扩孔倒角。

反挤深杯件的模具结构如图 2－7 所示，通过凸模对坯料在凹模内施加压力，迫使金属坯料在凹模内产生塑性变形，挤出工件。凸模在挤压过程中承受的挤压力很大，过渡部分应圆弧过渡；凹模采用组合式结构。凸模选用 GM 钢，凹模选用 YG20C 硬质合金。

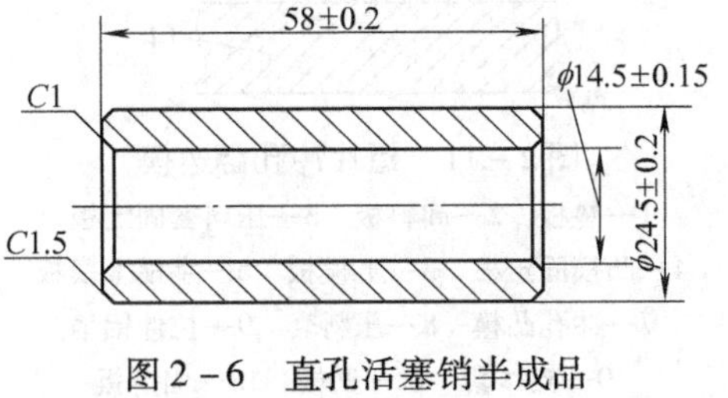

图 2－6　直孔活塞销半成品

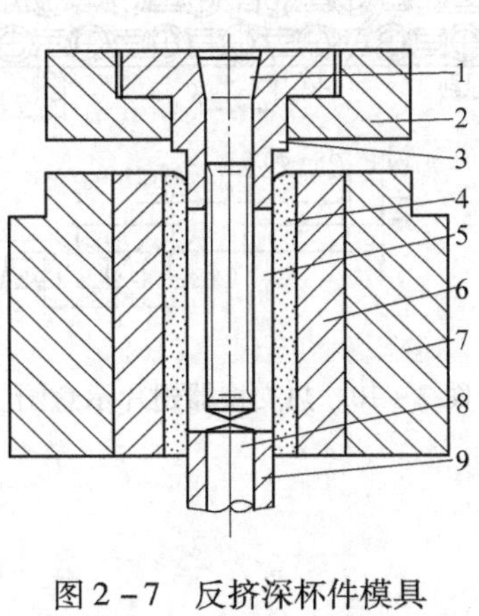

图 2－7　反挤深杯件模具

1—凸模　2—固定板　3—压套　4—凹模　5—工件　6—中套　7—外套　8—顶杆　9—推顶套

四、自行车车轴上档件冷挤凸模

自行车车轴的上档件如图2－8所示，材料为Q235钢，退火硬度为45～60HRC，经皂化处理后，用冷挤压成形，冷挤凸模的结构如图2－9所示，选用7Cr7Mo3V2Si钢制造，热处理工艺为850℃预热、1100℃加热保温、油冷淬火，570～600℃回火三次，回火硬度为57～58HRC，平均使用寿命超过20000件。

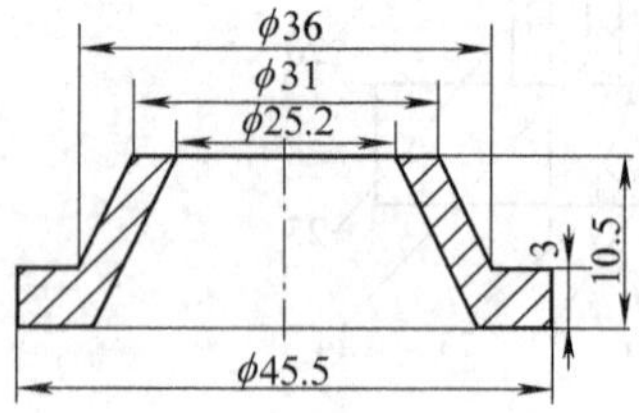

图2－8　自行车车轴上档件

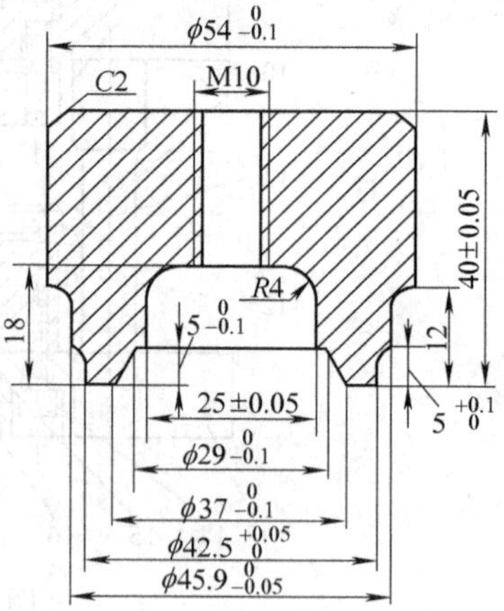

图2－9　上档件冷挤凸模

五、空调热交换器翅片冲孔翻边模

家用空调热交换器翅片如图2－10所示，用多工位级进模冲压成形，工位数一般是20～36，步距精度±0.003mm，冲裁速度在200次/min以上，一次冲出48mm×60mm列翅片，属于大型、复杂、长使用寿命高效级进模，冲孔翻边模是级进模的核心子模，如图2－11所示，其功能是冲制翅片的翻边孔，而翻边孔是级进模的步距孔，起到送料、定位、导正的作用。

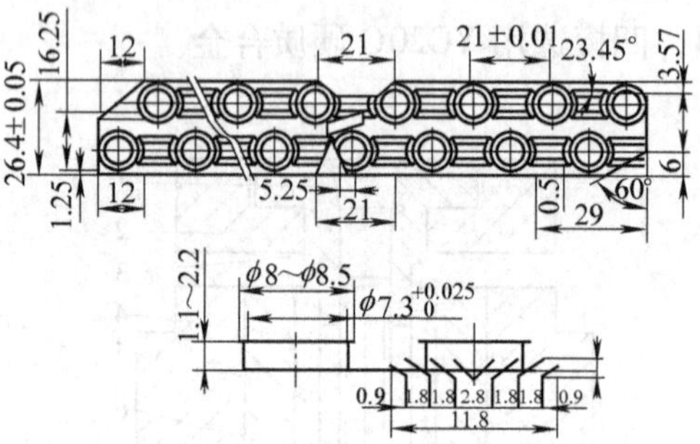

图2－10　热交换器翅片示意图

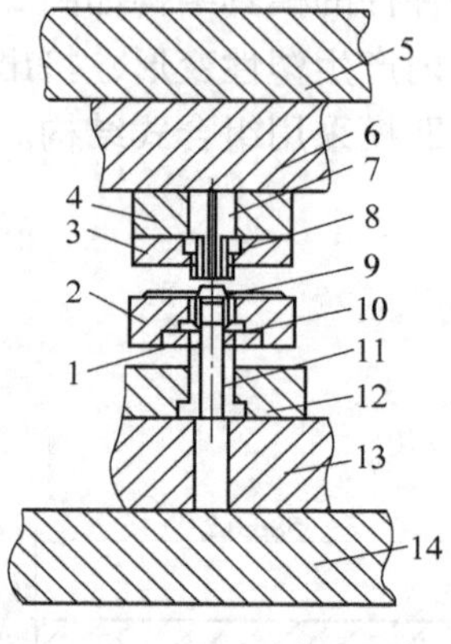

图2－11　翅片冲孔翻边模

1—垫板　2—卸料板　3—压料套固定板
4—凸模固定板　5—上模板　6—字模上模板
7—冲孔凸模　8—压料套　9—拉伸铝箔
10—支撑套　11—凹模　12—固定板
13—字模下模板　14—下模板

翅片的基体是厚度为 0.10mm 纯铝箔，基体的表面是一层经特殊工艺涂覆的厚度为 0.015mm 的二氧化硅或水玻璃无机涂层，涂层在凸、凹模之间形成剧烈的磨粒磨损，导致模具磨损失效。选用 GT35 钢结硬质合金制造凸、凹模，将淬火硬度值控制在 68～72HRC 范围内，取得比较理想的使用效果。

思考与练习

1. 冷作模具钢是怎样分类的？写出常用冷作模具材料的牌号。

2. 钢中常存元素有哪些，它们对钢的性能有何影响？

3. 什么是淬透性？什么是淬硬性？它们的区别是什么？判断下列材料的淬硬性和淬透性，并按大小排列。

T10A　Cr12　9SiCr　CrWMn　W18Cr4V　W6Mo5Cr4V2

4. 影响模具材料硬度和耐磨性的因素有哪些？

5. 简述冷作模具的工作条件及性能要求，冷作模具钢的化学成分有什么特点？

6. 高速钢坯为什么要反复锻造？锻造后切削加工前为什么要退火？淬火温度选在高温（1280℃）的目的何在？淬火后为什么要进行三次以上的回火？

7. Cr12Mo1V1 钢热处理工艺有哪几种？各适用于什么场合？

8. 模具材料淬火后可能出现哪些缺陷？其补救方法分别是什么？

9. 影响淬火变形的因素有哪些？减少淬火变形和防止淬火开裂的方法主要有哪些？

10. 简述 LD 钢的成分、性能和热处理特点。

11. 由于管理上的疏漏，错把 10 钢当作 T10A 制成冷冲模工作零件，问使用过程中可能会出现哪些问题？

12. 用 Cr12MoV 制作硅钢片凹模，凹模外形尺寸 160mm × 110mm × 60mm，冲制 0.3mm 厚硅钢片，制作凹模的工艺流程如下：

锻造→球化退火→机械加工→预调质处理→精加工→一次硬化处理

试分析各热处理工序的目的，并确定工艺参数。

第三章　热作模具材料

热作模具是指在高温状态下对金属进行热加工的模具，如热锻模具、热镦模具、热挤压模具、压铸模具和高速成形模具等。模具长时间在反复急冷急热的条件下服役，温升在300～700℃之间，要求模具材料能稳定地保持各种力学性能，特别是热强性、热疲劳性能和韧性。一般选用热导率较高、$w_C=0.3\%\sim0.6\%$的合金钢制造。

第一节　热作模具材料及性能

按用途不同，可将热作模具材料分为热锻模用钢、热挤压模用钢、压铸模用钢、热冲裁模用钢等；按工作温度不同，可将热作模具材料分为低耐热钢（350～370℃）、中耐热钢（550～600℃）、高耐热钢（580～650℃）等。特殊要求的热作模具有时采用高温合金和难熔合金制造。表3－1列出了常用热作模具钢的分类。

表3－1　热作模具钢的分类

热作模具材料类型	钢　号
低耐热高韧度热作模具钢	5CrNiMo、5CrMnMo、5NiCrMoV、5Cr2NiMoV、5Cr2NiMoVSi、4CrMnMoSiV、5CrMnMoSiV
中耐热高韧度热作模具钢	4Cr5MoSiV、4Cr5MoSiV1、4Cr5W2VSi、4Cr5MoWSiV、4Cr3Mo2NiVNbB
高耐热热作模具钢	3Cr2W8V、4Cr3Mo3SiV、5Cr4W5Mo2V、5Cr4W2Mo2SiV、5Cr4Mo3SiMnVAl、4Cr3Mo3W4VNb、3Cr3Mo3W2V、6Cr4Mo3NiWV
奥氏体型热作模具钢	5Mn15Cr8Ni5Mo3V2、7Mn10Cr8Ni10Mo3V2、Cr14Ni25Co2V、4Cr14Ni14W2Mo、7Mn15Cr2Al3V2WMo
高温耐蚀热作模具钢	2Cr9W6、2Cr12WMoVNbB、1Cr17Ni2B、2Cr10MoVNi

由于加工金属的成分和加工的工艺条件不同，对热作模具材料提出了各种不同的性能要求。

一、使用性能

热作模具在工作条件下表面与心部温差较大，根据模具类型和模膛结构的不同，其表面温度约在550～750℃范围内波动；而心部温度较低，如果模具不经预热或预热不当，往往与室温相当。热作模具模膛早期塑性变形失效或开裂失效与材料高温屈服强度或塑性不够有很大的关系。因此，了解热作模具材料的室温与高温力学性能，对于模具材料的正确选用有重要意义。

（1）硬度和强度　要求材料在模具的服役温度下，仍保持一定的硬度和强度，并且具有良好的热稳定性，以防止模具发生变形。

（2）韧度　很多热作模具，特别是锻锤用模具，在工作过程中经常要承受较大的冲击载荷，为了防止模具开裂，要求模具材料必须有较高的冲击韧度和断裂韧度。

（3）热疲劳抗力　大部分热作模具都是在周期性的温度急剧变化下服役的，在模具表面产生应力。为防止模具表面产生热疲劳裂纹，要求模具材料具有良好的热疲劳抗力。

（4）化学稳定性　热作模具往往在较高的温度下工作，模具工作面与空气、液态金属或其他介质接触，要求模具材料具有在工作温度下的耐氧化性能或耐液态金属冲蚀的性能。

二、工艺性能

热作模具从原材料到制成模具要经过各种冷热加工。一般模具的加工费用约占模具成本的一半左右。因此，模具材料工艺性能的好坏，将直接影响模具材料的推广和应用。

（1）锻造成形性　各种热作模具材料在相同的热加工工艺参数下，材料的高温强度越低，伸长率越大，则该钢的锻造变形抗力越小，成形性也就越好。

（2）淬火工艺性　大部分热作模具工作零件都需要经过淬火等热处理，模具材料淬火工艺性的好坏将直接影响模具材料的使用性能和使用寿命。

（3）可加工性　在模具的加工费用中，切削加工费用约占加工费用的90%，所以热作模具钢切削加工的难易将直接影响该钢的推广应用。

第二节　低耐热高韧性热作模具钢

锻模工作时要承受较大的冲击载荷和工作应力，模具模膛与工件表面产生剧烈摩擦，由于与被加热到高温的工件接触，模膛表面的温度迅速升高，有的达到400℃以上，局部甚至达到600℃以上。工件脱模以后，模膛表面又受到压缩空气和润滑剂的迅速冷却。因此要求热锻模材料必须具有一定的高温强度、高温硬度、较高的冲击韧度和耐热疲劳性能。

由于锻模的尺寸一般都比较大，为了使模块能淬透，要求材料具有较高的淬透性。一般选用 $w_C = 0.4\% \sim 0.6\%$ 的低合金热作模具钢，如5CrNiMo、5CrMnMo、5NiCrMoV、5Cr2NiMoV、5Cr2NiMoVSi、4CrMnSiMoV、5CrMnSiMoV等耐热性不太高，但韧性和淬透性很好的热作模具钢。

一、5CrNiMo

1. 力学性能

5CrNiMo钢是传统的热锻模钢，从20世纪30年代应用至今，它具有良好的韧性和淬透性，对尺寸效应不敏感。5CrNiMo钢在400℃以下工作可以保持较高的强度，高于400℃时强度急剧下降，如温度升高到550℃时，屈服点与室温比较下降将近一半。

2. 工艺性能

（1）锻造工艺　市场上供应的钢材存在着纤维组织，钢的直径越大，偏析越严重。锻造时，必须交替镦粗和拔长，并保证有一定的锻造比，以使钢的组织逐步均匀化。锻坯加热温度1100～1150℃，始锻温度1050～1100℃，终锻温度800～850℃，锻后砂冷或坑冷。

（2）退火工艺　退火工艺曲线如图3－1所示。

（3）淬火回火工艺　淬火预热温度600～650℃，加热温度830～860℃，油淬。对于大型复杂模具，为了减小淬火应力，避免淬火缺陷的产生，可以采用淬油前预冷和分级淬火。模具从加热炉中取出后，先在空气中预冷到750～800℃，然后再淬入30～80℃的油中，直至模具温度降至比Ms点稍低的温度时，从油中取出空冷，然后移入回火炉中回火。

淬火后的模具应立即进行回火，回火工艺见表3－2。模具的燕尾部分由于集中承受冲

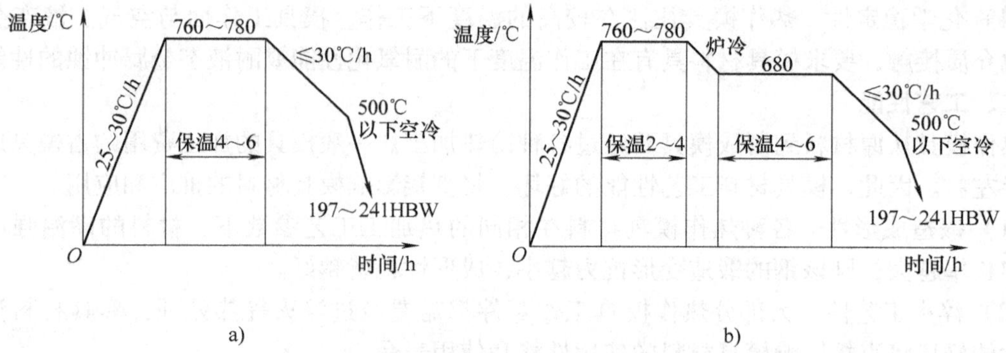

图 3－1　5CrNiMo 钢退火工艺曲线

a）锻轧后一般退火工艺　b）锻轧后等温退火工艺

击载荷，要求比模体部分有更高的冲击韧度，一般要在模具整体回火后，再单独对燕尾部分局部提高温度回火，降低燕尾开裂失效的倾向。

表 3－2　5CrNiMo 钢模具的回火工艺

回火用途	模具类型	温度/℃	加热设备	硬度（HRC）
锻模体回火	小型锻模	490～510	煤气炉或电阻炉	44～47
	中型锻模	520～540		38～42
	大型锻模	560～580		34～37
锻模燕尾回火	中型锻模	620～640	煤气炉或电阻炉	34～37
	小型锻模	640～660		30～35

3．应用

5CrNiMo 钢是目前国内用量较大的锻模用钢，通用性强，大、中、小型模块，深、浅型槽的模块均可用 5CrNiMo 钢。但此钢的热强性和耐磨性不如高强度热作模具钢，不适宜制造受冲击力较大的中小机锻模，以及热强性或耐热疲劳性能要求很高的热挤压模、热穿孔模及铝、铜压铸模等。由于该钢的淬透性好，适用于大批量生产的大、中型模块。

二、5CrMnMo 钢

考虑到我国的资源情况，为节约镍而以锰代镍研制而成 5CrMnMo 钢，其性能与 5CrNiMo 相似，但淬透性稍差，在高温工作时，其耐热疲劳性能逊于 5CrNiMo 钢。

1．力学性能

5CrMnMo 钢的强度略高于 5CrNiMo，但淬透性和冲击耐度明显低于 5CrNiMo，并且热处理时的过热倾向较大，在高温下工作时，其耐热疲劳性能也较差。

2．工艺性能

（1）锻造工艺　锻坯加热温度 1100～1150℃，始锻温度 1050～1100℃，终锻温度 800～850℃，锻后砂冷或坑冷，注意防止模具开裂。

（2）退火工艺　等温退火加热温度 850～870℃，等温温度 680℃，退火硬度 197～241HBW。

（3）淬火回火工艺　淬火加热温度840～860℃，油中淬火，冷却到150～180℃左右出油并立即回火。为减小淬火变形开裂的倾向，可采用预冷淬火，先预冷到740～780℃，然后入油淬火。回火工艺见表3－3。

表3－3　5CrMnMo钢的回火工艺

回火用途	模具类型	回火温度/℃	回火加热设备	硬度（HRC）
模具工作部分	小型锻模	490～510	煤气炉或电阻炉	41～47
	中型锻模	520～540		38～41
模具燕尾部分	小型锻模	620～640	煤气炉或电阻炉	35～39
	中型锻模	640～660		34～37

3. 应用

与5CrNiMo相比，5CrMnMo钢的淬透性及韧度较低，只适于制造要求较高强度和耐磨性，而韧性要求不高的3t锤以下的浅型槽中小型锤锻模及部分压力机模块，也可用于工作温度低于500℃的其他小型热作模具。

三、4CrMnSiMoV钢

4CrMnSiMoV钢是5CrMnSiMoV钢的改进型，是无镍多元合金化热锻模具钢。原钢种的合金元素种类及含量均未变化，仅碳的质量分数降低了0.1%，其目的在于保持原有强度水平的基础上提高钢的韧度。该钢具有较高的强度、耐磨性、良好的冲击韧度及断裂韧度，其冲击韧度与5CrNiMo相当或相近，而高温性能、回火稳定性、热疲劳抗力均比5CrNiMo好，是GB/T 1299—2000中的标准钢号。适用于大、中型锻模，也可用于中、小型锻模，使用寿命比5CrNiMo模具高。

（1）锻造工艺　钢坯锻造加热温度1100～1140℃，始锻温度1050～1100℃，终锻温度≥850℃，锻后砂冷或坑冷。

（2）退火工艺　采用等温退火，加热温度840～860℃，等温温度700～720℃。

（3）淬火回火工艺　大型锻模淬火温度870～900℃，中、小型锻模淬火温度900～930℃。大型锻模回火温度620～660℃，硬度38～42HRC；中型锻模回火温度610～630℃，硬度41～44HRC；小型锻模回火温度470～610℃，硬度44～49HRC。

四、5NiCrMoV钢和5Cr2NiMoV钢

从20世纪50年代以来，我国厚度小于250mm的小型模块多采用5CrMnMo钢制造，大、中型模块，一直用5CrNiMo钢制造。与西方国家的相应钢号比较，5CrNiMo钢的合金元素含量较低，淬透性较差，钢中不含钒，在较高的淬火温度下，晶粒容易粗化，淬硬性较低，热稳定性差，模具使用寿命较低。

从20世纪80年代开始，我国研制了类似的钢号5NiCrMoV，适当提高了5CrNiMo钢中Cr、Ni、Mo的质量分数，并加入适量V，显著提高了钢的淬透性、淬硬性、高温强度、回火稳定性和冲击韧度，能够更好地适应大型锻模的要求，因此，推荐将5NiCrMoV钢用于大型、复杂重载荷的锤锻模和压力机锻模。

为了适应特大型模块的需要，国外发展了合金含量更高的特大型模块用钢，如4Ni4Cr2MoV、4Ni4Cr2Mo等，这些钢的合金元素含量较高，具有更高的淬透性和热稳定性，并且相应地将钢中碳的质量分数降低到0.3%～0.4%，使钢的韧性和耐热疲劳性能有所改善。表3-4为锻压模块用钢的淬火温度与硬度。

表3-4 锻模用钢的淬火温度与硬度

钢　　号	淬火温度/℃	淬火介质	淬火硬度（HRC）
5CrNiMo	830~860	油	52~54
5CrMnMo	820~850	油	53~58
5NiCrMoV	830~880	油	53~60
5Cr2NiMoV	960~1000	油	53~60

近年来，国内外发展了一种适用于锻造模块的沉淀硬化型热作模具钢，其特点是碳含量较低，在淬火和中温回火后即具有很好的韧度和可加工性，模具在使用过程中，模膛表面被高温锻件加热导致二次硬化，提高型腔表层的耐磨性和热硬性，而模具内层组织不发生变化，仍保持良好的韧性，比较有代表性的钢号有PH（2Cr3Mo2NiVSi）钢等。

第三节　中耐热韧性热作模具钢

20世纪30年代中期，随着铝合金压铸工艺的迅速发展，迫切需要一种有较好的耐热性、耐热疲劳性和耐液态铝合金冲蚀的新型热作模具钢。美国通过研制开发了一系列中合金铬系热作模具钢，目前应用较广的有4Cr5MoSiV1（H13）、4Cr5MoSiV（H11）、4Cr5MoWSiV（H12）、4Cr5W2VSi、4Cr3Mo2NiVNbB等。

我国从20世纪60年代开始引进这些钢号，用量逐渐扩大，从铝合金压铸模、到精密锻造模具、热锻压冲头、热挤压模具、热剪切模具、热轧辊等热作模具，已成为主要的热作模具钢。

一、4Cr5MoSiV（H11）钢

4Cr5MoSiV钢，简称H11钢，是一种空冷硬化型热作模具钢，$w_{Cr}=5\%$，淬透性很好，ϕ150mm以下的钢材空冷即可淬硬。该钢在中温具有较好的热强度、高的韧度和耐磨性，在工作温度下有较好的耐冷热疲劳性能，此外，耐氧化性能好，热处理变形小。

1. 力学性能

与5CrNiMo钢相比，H11钢的热强性和耐磨性都较高，而韧度相似，淬透性较好，是制作锻模的好材料。由于韧度较高，甚至在淬火状态也还有一定的韧度，抗热疲劳性能特别好，因此用它制作高速锤锻模是非常理想的，有时也用于制作压铸模、挤压模等。

2. 工艺性能

（1）铸造工艺　H11钢的碳含量不高，热塑性较好，易于锻造和轧制，当锻制大型锻件时，最好先缓慢加热到750℃，然后迅速加热到锻造温度，以减少氧化和脱碳现象。H11钢的淬透性好，锻后应采用炉冷或在缓冷坑中冷却，并及时退火处理。

（2）退火工艺　H11钢的退火加热温度为845~900℃，保温4~5h，然后以28℃/h的冷却速度冷却到550℃出炉，退火硬度为192~235HBW，退火组织为粒状和点状珠光体。为减少氧化脱碳，退火最好在可控气氛退火炉中进行。

（3）淬火回火工艺　淬火加热温度1000~1020℃，油冷淬火或分级淬火均可，淬火硬度为55~57HRC。H11钢的冲击韧度随回火温度的升高而升高，在200℃回火时达到最大

值，继续升高回火温度，冲击韧度开始下降，在500℃时，冲击韧度降到最低。因此，模具应避开500℃左右回火，也避免在此温度范围进行化学热处理。

二、4Cr5MoSiV1（H13）钢

4Cr5MoSiV1钢，即美国钢号AISI—H13，也即日本钢号JIS—SKD61，是国际上广泛应用的一种空冷硬化热作模具钢。我国于1976年将H13钢作为推荐钢种列入标准，目前，国内已有多家钢厂生产H13钢，甚至还配有炉外精炼设备。

1. 力学性能

H13钢具有较高的韧度和耐冷热疲劳性能，不容易产生热疲劳裂纹，即使出现热疲劳裂纹也细而短，不容易扩展。H13钢同时具有较高的热强性，是一种强韧兼备的质优价廉钢种，既可用作热锻模材料，也可用作模腔温升低于600℃的压铸模材料。

与H11钢相比，H13钢的含钒量较高，因此，H13钢的热强性和热稳定性高于H11钢。与4Cr5W2SiV钢相比，以钼代钨，性能颇为相似。

2. 工艺性能

（1）锻造工艺　尽管H13钢的碳含量较低，但钢中还有亚稳定共晶碳化物，碳化物偏析有时也较严重，因此要妥善锻造，锻造比要大于4。

（2）退火工艺　目前，很多厂家可以直接供应一定尺寸的退火模坯，硬度为192～229HBW。型材改锻后要立即进行球化退火。等温球化退火工艺为880±10℃加热，保温2h，降温到750±10℃，再等温2～4h，炉冷到500℃出炉。常规退火工艺为845～880℃加热，保温2～4h，然后冷却到500℃出炉。

（3）淬火及回火工艺　对于要求热硬性为主的H13钢模具，应选1050～1080℃加热，油冷淬火后的硬度为54～57HRC。对于要求韧性较好的H13钢模具，应选1020～1050℃加热，油冷后硬度为53～56HRC。

淬火加热应先经两次预热，冷却可采用空冷、油冷，也可采用分级冷却。分级冷却的分级温度最好选择低些，如350～500℃，也有选择在500～560℃分级的。H13钢的回火温度要避开500℃，以高于500℃，低于650℃为宜。

三、4Cr3Mo2NiVNbB（HD）钢

随着少无屑加工工艺的发展，对模具钢的性能及模具使用寿命提出了更高的要求。如热挤压钢铁材料及铜等非铁金属的热作模具，其工作温度可达700℃，在这种工作条件下，采用3Cr2W8V钢及铬系热作模具钢H13等，其耐磨损与冷热疲劳抗力已不能满足上述要求。HD钢就是为适应700℃左右温度工作而研制的新型热作模具钢。

1. 力学性能

HD钢的室温强度、室温韧度、高温强度、高温韧度都比3Cr2W8V钢高。在相同硬度条件下，HD钢的断裂韧度比3Cr2W8V钢高50%，700℃高温短时抗拉强度高70%，冷热疲劳抗力和热磨损性能分别高出1倍和50%。

2. 工艺性能

（1）锻造工艺　加热温度1100～1150℃，始锻温度1000～1050℃，停锻温度≥850℃。

（2）退火工艺　加热温度850℃，保温4h，炉冷到550℃以下出炉空冷。

（3）淬火及回火工艺　淬火加热温度1130℃，回火温度650～700℃，经相同的温度回火后，HD钢的回火硬度比3Cr2W8V钢高，回火温度越高，HD钢与3Cr2W8V的硬度差越大。

3. 应用

HD 钢用于钢质药筒热挤压凸模、铜合金管材挤压模和穿孔针，热挤压轴承环凸模与凹模、汽门挤压底模等模具，使用寿命均比 3Cr2W8V 钢制模具高。中耐热韧性热作模具钢的锻造工艺、退火工艺、淬火工艺见表 3－5。

表 3－5　中耐热韧性热作模具钢的锻造工艺、退火工艺、淬火工艺

钢号	预热温度/℃	始锻温度/℃	终锻温度/℃	退火温度/℃	退火硬度（HBW）	淬火温度/℃	淬火硬度（HRC）
4Cr5MoSiV	700～800	1070～1150	850～900	880～900	207～229	1020～1050	53～55
4Cr5MoSiV1	700～800	1070～1150	850～900	860～890	207～229	1000～1050	52～54
4Cr5W2VSi	700～800	1070～1150	850～900	850～880	207～229	1020～1050	53～55
4Cr5MoWSiV	700～800	1070～1150	850～900	870～890	207～229	1025～1050	53～55

第四节　高耐热热作模具钢

3Cr2W8V 是最早用于制造模具的热作模具钢，早在 20 世纪 20 年代即开始用于生产。二战时期，钨资源紧张，发展了一系列以钼代钨的钼系和钨钼系热作模具钢。为了使钢具有较好的韧度和耐热疲劳性能，这类钢一般 $w_C=0.3\%$ 左右。钨系钢中 $w_W=8\%\sim18\%$，钼系钢中一般 $w_{Mo}=3\%\sim9\%$，钨钼系热作模具钢中的钨当量（w_W+2w_{Mo}）一般为 8%～18%，另外还添加一些铬和钒，有的还加入一些钴。

这类钢由于钨钼含量较高，比前两类热作模具钢在高温下具有较高的强度、硬度和抗回火稳定性，但是其韧性和耐热疲劳性能不及低耐热韧性热作模具钢。常用钢号有 3Cr2W8V、4Cr3Mo3SiV、5Cr4W5Mo2V、5Cr4W2Mo2SiV、5Cr4Mo3SiMnVAl、4Cr3Mo3W4VNb、3Cr3Mo3W2V、6Cr4Mo3NiWV 钢等。

一、3Cr2W8V 钢

3Cr2W8V 钢是最早的钨系热作模具钢，由于含钨量较高，当温度≥600℃时，其高温强度、硬度等要高于铬系热作模具钢。

1. 力学性能

3Cr2W8V 钢的主要元素含量正好是 W18Cr4V 高速钢的一半，因此又称半高速钢。因含有较多的 W、Cr、V 元素，因而淬透性、回火稳定性、热强性都较高。

2. 工艺性能

（1）锻造工艺性　钢坯加热温度 1130～1160℃，始锻温度 1080～1120℃，终锻温度 850～900℃，锻后空冷到 700℃后缓冷。

（2）退火工艺　等温退火温度 840～880℃，等温温度 720～740℃，退火硬度≤241HBW。

（3）淬火回火工艺　淬火温度 1050～1150℃，油冷，淬火硬度 50～54HRC；回火温度 550～650℃，回火两次，每次 2h，回火硬度 40～50HRC。

3. 应用

由于3Cr2W8V钢良好的耐热性能，因而大量用于压力机锻模、热挤压模、镦锻模、剪切刀和压铸模。但3Cr2W8V钢的高温冲击韧度和耐热疲劳性能较差，急冷急热条件下因热疲劳失效而影响模具使用寿命。下面介绍提高模具强韧性的热处理新工艺。

（1）高淬高回工艺　3Cr2W8V钢制40Cr销轴热锻模，在160t摩擦压力机上锻造。原工艺：1050～1100℃淬火，600～620℃回火，硬度47～49HRC，模具使用寿命500～2000件；改用1150℃高温淬火，660～680℃高温回火，硬度39～41HRC，使用寿命7000～10000件。

（2）控制淬硬层淬火工艺　3Cr2W8V钢制尖嘴钳热压模具，在1000～3000kN摩擦压力机上使用，常规淬火工艺，硬度46～48HRC，模具使用寿命仅4000件，失效形式为变形或型腔变形塌陷。若采用高温短时间加热，使模具表面和心部得到不同的淬火加热温度，在随后淬火过程中，获得内外不同的组织，经此工艺处理后模具使用寿命达32000件。

（3）贝氏体等温淬火工艺　3Cr2W8V钢制自行车曲柄热成形模，在3000kN摩擦压力机上使用，按1080℃油淬，580～610℃回火两次工艺处理；硬度45～48HRC，平均使用寿命4500件；改用1100℃加热，340～350℃硝盐炉等温淬火，获得马氏体＋下贝氏体组织，使模具得到高强度的同时，显著提高了塑性和断裂韧度，模具平均寿命达到9000件，最高达3.8万件。

二、5Cr4W5Mo2V（RM2）钢

RM2钢$w_C=0.5\%$左右，合金元素的质量分数为12%，钢在使用状态有较多的碳化物，其中以M_6C为主，因而具有较高的硬度、耐磨性、回火抗力及热稳定性。

1. 力学性能

RM2钢具有较高的回火抗力和热稳定性，在硬度50HRC时的热稳定性可达700℃，耐磨损性能也好。适用于制作小截面热挤模、高速锻模和辊锻模具。

2. 工艺性能

（1）锻造工艺　加热温度1170～1190℃，始锻温度1120～1150℃，终锻温度≥850℃，锻后在850～600℃区间应快冷，以避免网状碳化物的形成，在600℃以下缓冷。

（2）退火工艺　加热温度870℃，等温温度730℃，炉冷到500℃以下出炉空冷。

（3）淬火及回火工艺　1130℃淬火并于不同温度回火后的硬度见表3－6。从表3－6中可以看出，当550℃回火时出现二次硬化峰，而700℃回火时仍保持40HRC的硬度。

表3－6　5Cr4W5Mo2V钢的回火硬度（1130℃淬火）

回火温度/℃	淬火态	450	500	550	600	625	650	700
硬度（HRC）	59	57.5	57.5	58.5	55	52.5	47	40.5

3. 应用

与3Cr2W8V钢相比，5Cr4W5Mo2V钢具有较高的热强性、耐磨性及热稳定性，适用于制作小型精锻模、平锻模、压印凸模、热挤压凸模及热切底模、热切边模、辊锻模等。其使用寿命比3Cr2W8V钢普遍提高2～3倍，个别模具可提高10～20倍。

三、5Cr4Mo3SiMnVAl（012Al）钢

012Al钢是冷、热兼用模具钢，该钢工艺性能及室温力学性能已在冷作模具有关章节中

作了简要介绍，下面主要介绍其高温性能及在热作模具上的应用。

1. 高温力学性能

012Al 钢的热稳定性高于 3Cr2W8V，具有更高的热硬性，热疲劳性能也比 3Cr2W8V 优越得多。表 3 –7 为 012Al 钢的热稳定性。

表 3 –7　012Al 钢的热稳定性

热处理工艺		硬度（HRC）	在下列温度保温、降到 40HRC 所需时间/h		
淬火温度/℃	回火工艺		640℃	660℃	680℃
1090	580℃加热，保温 2h，回火两次	53	9	9	3
	620℃加热，保温 2h，回火两次	48	7	6	3
1120	560℃加热，保温 2h，回火两次	57	11	10	3.5
	620℃加热，保温 2h，回火两次	50	10	9	4.5
1130	640℃加热，保温 2h，回火两次	45 ~46	6	3.5	2.5

2. 应用范围

由于 012Al 钢有优良的高温力学性能及热疲劳性能，因此，用 012Al 钢制作的热作模具比 3Cr2W8V 钢制模具有更长的使用寿命。如用于轴承套圈热挤压凸模和凹模，使用寿命提高 5 ~7 倍；应用于军品壳体热挤盂凸模，模具使用寿命提高 2 倍以上；在轴承穿孔凸模及辗压辊上应用，使用寿命提高 2 ~3 倍。

四、6Cr4Mo3Ni2WV（CG—2）钢

CG—2 钢是在 M2 高速钢基体的基础上适当增加 Mo、降低 W 含量研制而成的新型模具钢，CG—2 钢是一种冷热兼用的基体钢。

1. 力学性能

由于钢中含有 2% 的 Ni 元素，使基体的强度和韧度提高。CG—2 钢的室温及高温强度、热稳定性均高于 3Cr2W8V 钢，但塑性及高温冲击韧度稍低于 3Cr2W8V 钢。

2. 工艺性能

（1）锻造工艺　始锻温度 1140 ~1160℃，终锻温度≥950℃。锻造时要求反复镦拔三次以上，以保证碳化物均匀分布，锻后应缓冷并及时退火。

（2）退火工艺　采取等温球化退火，加热温度 1100 ~1130℃，等温温度 670℃，炉冷到 400℃以下出炉空冷，退火硬度 220 ~240HBW。

（3）淬火及回火工艺　淬火加热温度 1100 ~1130℃，油冷。用作热作模具时，回火温度 630℃，回火两次，每次 2h，回火硬度 51 ~53HRC。用作冷作模具时，回火温度 540℃，回火两次，硬度 59 ~62HRC。

3. 应用

用 CG—2 钢制作轴承套圈热挤压凸模和凹模，1130℃油淬及 630℃、600℃回火，硬度 50 ~53HRC，凸模使用寿命为 3Cr2W8V 钢凸模的 2 ~3 倍；制作底板，使用寿命为 3Cr2W8V 钢底板的 3 ~6 倍；制作热挤盂凸模，使用寿命提高近 1 倍。CG—2 钢还可用于制作标准件及轴承滚子冷镦模、缝纫机零件冷镦模等。

五、4Cr3Mo3W4VNb（GR）钢

GR 钢属钨钼系热作模具钢，钢中加入少量 Nb，以增强回火抗力及热强性。其耐热疲劳抗力、热稳定性、耐磨性及高温强度明显高于 3Cr2W8V 钢。

1. 力学性能

表 3－8 列出了经大气感应炉冶炼的 GR 钢室温及高温力学性能。GR 钢用于齿轮高速锻模、精密锻模、轴承套圈热挤压模、自行车零件及螺母热锻模、小型机锻模、辊锻模等方面。与 3Cr2W8V 钢相比，各类模具使用寿命均有大幅度的提高（数倍或数十倍）。

表 3－8 GR 钢室温及高温力学性能

试验温度/℃	抗拉强度 σ_b/MPa	屈服点 σ_s/MPa	断后伸长率 δ_5（%）	断面收缩率 ψ（%）	α_K（J/cm^2）	硬度（HRC）
室温	1880	1500	6.7	20	16	52
600	1440	1160	1.25	3.0	23	—
650	1220	1030	2.0	3.0	26	—
750	675	580	3.75	18.0	110	—

2. 工艺性能

（1）锻造工艺　始锻温度 1150℃，终锻温度≥900℃，锻后缓冷及时退火。

（2）退火工艺　等温退火加热温度 850℃，等温温度 720℃，炉冷到 550℃以下出炉空冷。

（3）淬火及回火工艺　淬火温度 1160～1200℃，若要求高的韧度及塑性，则选用较低的淬火温度；若要求高的高温强度及回火稳定性，则选用较高的淬火温度。回火温度 630℃、600℃两次回火，每次 2～3h，若模具的形状复杂，可采用三次回火，回火后硬度为 50～54HRC。

六、4Cr5Mo2MnVSi（Y10）和 4Cr3Mo2MnVNbB（Y4）钢

Y10 及 Y4 分别是为铝合金及铜合金压铸而研制的新型热作模具钢。其中 Y10 钢是 $w_{Cr}=5\%$ 的高强韧性热作模具钢，它是在 H13 的基础上适当提高钒、锰的含量，并提高含硅量。Y4 钢的成分接近 3Cr—3Mo 类型钢，但增加了微量元素铌和硼。

两种钢的锻造及退火工艺与 3Cr2W8V 钢相近，但锻造温度范围宽，锻造性能良好，无特殊要求。退火硬度低于 3CrW8V 钢。

淬火温度为 1020～1120℃，回火温度 600～630℃，可根据用途及要求进行选择。Y10 及 Y4 钢在力学性能上，尤其是冷热疲劳抗力和裂纹扩展阻力方面明显优于 3Cr2W8V 钢，是比较理想的铝、铜合金压铸模材料。用于压铸模具，可使模具使用寿命普遍提高 1～10 倍。两种钢在热挤压模、热锻模方面的应用也取得明显成效。

4Cr3Mo2MnVB 钢，代号 ER8，是一种空冷硬化热作模具钢，其化学成分类似于 Y4 钢，但未加 Nb，因此热强性和热稳定性不及 Y4 钢，而优于 Y10 钢。

七、25Cr3Mo3VNb 钢（HM3）

25Cr3Mo3VNb 钢是参照 H10 钢和 3Cr3Mo 系热模钢，并结合我国资源情况研制而成的。钢中加入微量元素铌，使钢具有更高的回火稳定性和热强性。

1. 力学性能

HM3 钢具有高的高温强度，当试验温度低于 600℃时，HM3 钢的强度低于 4Cr5W2VSi

钢，而当温度高于600℃时，HM3 钢的强度却高于 4Cr5W2VSi 钢。

2. 工艺性能

（1）锻造工艺　始锻温度1120～1150℃，终锻温度≥850℃。

（2）退火工艺　加热温度860℃，等温温度710℃，炉冷至550℃以下出炉空冷。

（3）淬火、回火工艺　淬火温度1080℃，回火温度560～630℃，回火两次，具体温度根据对模具的硬度要求选择。

3. 应用

用 HM3 钢代替 3Cr2W8V、5CrNiMo、4Cr5W2VSi 制作模具，可使模具使用寿命提高 2～10 倍，并有效地克服了模具因热磨损、热疲劳、热裂等引起的失效。在热锻成形凹模、连杆辊锻模、热挤压凹模、高强钢精锻模、小型机锻模、铝合金压铸模等方面的应用取得了良好效果。

八、2Cr3Mo2NiVSi（PH）钢

PH 钢是我国研制的无钴析出硬化型热作模具钢。用析出硬化型热作模具钢制作的模具在淬火和低温回火后进行机械加工，此时模具硬度约为 40HRC，加工后可直接使用。在使用过程中，模具表层受热，析出碳化物，导致二次硬化，硬度可达 48HRC，而心部组织未发生转变。这样，模具同时具有表层所需的高温强度和心部高韧性。由于模具在机加工前进行热处理，也避免了热处理变形和表面氧化脱碳等问题。

1. 工艺性能

（1）锻造工艺　始锻温度1000～1100℃，终锻温度大于或等于850℃，锻后炉冷。

（2）退火工艺　加热温度780℃，冷速小于或等于40℃/h，冷到680℃后随炉冷却。退火硬度217～229HBW。

（3）淬火回火工艺　淬火加热温度990～1020℃，截面小于或等于100mm 时可采用空冷，截面大于100mm 时为油冷。回火温度370～400℃，回火一次即可。

2. 应用

PH 钢具有优异的析出硬化性能，淬火回火后的硬度值为45HRC，在525～550℃回火，析出硬化后的硬度值上升到47～49HRC。在预硬状态下可加工性良好，在保证足够韧性的前提下，其高温强度接近或超过 3Cr2W8V 钢及 4Cr5MoSiV（H11）钢。PH 钢适用于在500～600℃范围内使用的热锻模具，用 PH 钢制作常啮合齿轮模和连杆模等，模具使用寿命比 H11 钢提高 1 倍。

第五节　特殊用途热作模具钢

随着工业技术的发展，出现了各种新的热加工工艺，模具的工作温度日益提高，工作条件更加苛刻，为了适应这些需要，采用了一系列新型的热作模具材料，各种高速钢、马氏体时效钢、耐热不锈钢、高温合金、难熔合金等，都开始用于制造模具，而且发展了一些适合热作模具需要的专用材料，本节将重点介绍奥氏体型热作模具钢和高温耐蚀热作模具钢。

一、奥氏体型热作模具钢

前面介绍的热作模具钢都是马氏体型钢，当工作温度≥650℃时，由于过回火现象，碳化物聚集长大，硬度、强度急剧下降。而有些热作模具的工作温度往往达到700℃或更高，因此要求模具在高温下不仅有高的强度、硬度和耐磨性，而且要有较高的耐氧化和耐蚀性，

从而发展了一系列奥氏体型热作模具钢，特别是镍含量较低的 Cr－Mn－Ni 系奥氏体热作模具钢。常见的奥氏体型热作模具钢有 5Mn15Cr8Ni5Mo3V2、7Mn10Cr8Ni10Mo3V2、Cr14Ni25Co2V、4Cr14Ni14W2Mo 钢等。

1. 5Mn15Cr8Ni5Mo3V2 奥氏体耐热钢

5Mn15Cr8Ni5Mo3V2 钢是高 Mn－V 系奥氏体热作模具钢，具有奥氏体组织，在加热和冷却过程中无相变。钢经合适温度的固溶和时效处理后具有较好的综合性能，硬度可达46～47HRC，尤其是在 700℃的高温下，与一般的热作模具钢 3Cr2W8V 相比，具有更高的高温强度和硬度。适用于制造要求在 700℃以上的温度下工作的工模具。

5Mn15Cr8Ni5Mo3V2 钢适于制造工作温度达 700～800℃的高温高载荷热作模具，如不锈钢、高温合金、铜合金等难变形材料的热挤压模具、钛合金板材的热蠕变成形用模具、等温锻造模具等，如用于制造含 30% 镍的白铜管材的热挤压模具，使用寿命比 3Cr2W8V 钢模具高 4～5 倍。

2. 7Mn15Cr2Al3V2WMo（7Mn15）无磁模具钢

7Mn15 钢是一种高 Mn－V 系无磁模具钢，该钢在任何状态下都能保持稳定的奥氏体组织。除制作冷作模具、无磁轴承及要求在强磁场中不产生磁感应的结构件外，因其在高温下还具有较高的强度和硬度，可用来制作 700～800℃下使用的热作模具。

3. 4Cr14Ni14W2Mo 奥氏体耐热钢

4Cr14Ni14W2Mo 钢属铬镍系奥氏体热作模具钢，在 700℃以下有良好的热强性能，在 800℃以下有良好的耐氧化性，具有较好的耐蚀性和耐氧化性，可以用作玻璃制品热压成形模、钛合金蠕变成型模等。

二、高温耐蚀热作模具钢

有些模具的工作温度高，与空气或特殊介质接触，要求钢在高温下具有良好的耐氧化、耐蚀性和耐热疲劳性能，一般工作应力并不高，如铜合金压铸模、铝合金压模、玻璃制品成型模具等。为适应这些特殊的工作条件，发展了一些专用模具钢。

为了改善钢的耐蚀性和耐氧化性，这类钢一般 $w_{Cr}=9\%\sim17\%$，$w_{C}=0.2\%$ 左右，在 700～750℃的高温下，仍具有较好的耐氧化性，而且在高温下耐熔融铝合金、镁合金和铜合金冲蚀的性能较好。常见的高温耐蚀模具钢有 2Cr9W6、2Cr12WMoVNbB、1Cr17Ni2B、2Cr10MoVNi 钢等。

第六节　其他热作模具材料

一、高温合金

当挤压耐热钢管时，模具温度高达 900～1000℃，需采用高温合金制作模具。高温合金的种类很多，有铁基、镍基、钴基合金等。其中以尼莫尼克 100 的热强性最好，这些合金在 700℃时，仍具有很高的强度，可用于制作挤压耐热钢零件或挤压铜管的凹模及芯棒。

二、硬质合金

在第二章中已经提到，硬质合金具有很高的热硬性和耐磨性，还有良好的热稳定性、耐氧化性和耐蚀性，因而可用于制造热作模具。工作温度较高的凸模或凹模，可以采用硬质合金镶块模。钨钴类硬质合金可用于热切边凹模、压铸模等。如气阀挺杆热镦挤模，原用

3Cr2W8V 钢制作，模具使用寿命仅为0.5 万件；改用 YG20 硬质合金后，模具使用寿命提高到1.5 万件。

三、难熔合金

钢的熔点为1450～1540℃，钢铁材料压铸模模膛的工作温度可高达1000℃，模膛表面受到严重氧化、腐蚀及冲刷，模具使用寿命很低，因此，希望难熔合金能满足这方面的需求。

通常将熔点在1700℃以上的金属称为难熔金属，其中钨、钼、铌的熔点在2600℃以上，其再结晶温度高于1000℃，可长时间在1000℃以上工作，在热作模具中应用较多的是钼基合金和钨基合金，其中 TZM 合金是钼基合金的代表，Anviloy1150 合金是钨基合金的代表。

这类材料的特点是熔点很高，高温强度较高，耐热性好，耐蚀性好，有优良的导热、耐热疲劳性能，不粘结熔融金属，塑性较好，便于成形加工。主要用于制作在较高温度下的模具，如铜合金、钢铁材料的压铸模和钛合金、耐热钢的热挤压模等。

四、压铸模用铜合金

钢铁材料压铸时，模膛的工作温度可达1000℃以上，在模膛截面形成很陡的温度梯度，采用导热性高的合金，如铜合金制造钢铁材料压铸模，能将压铸件的热量快速散发出去，使模膛的温度梯度大为降低，从而减小模具的应变和应力，使其强度足以承受压铸时的应力。

用于钢铁压铸模的铜合金有铍青铜合金、铬锆钒铜合金和铬锆镁铜合金，用这些铜合金制作的钢铁件压铸模，其使用寿命远高于各种热作模具钢。

第七节　热作模具材料的选用

热作模具的种类繁多，它们的服役条件也有很大差别，因此选用模具材料应根据模具的具体工作条件、失效形式及对模具的抗力要求和模具材料本身具有的特性来选择。

一、热锻模具材料的选用

热锻模具是在高温、高压、高冲击载荷下工作，并且经常受到反复的加热和冷却。因此，模具材料必须具有较高的高温屈服强度、高的冲击韧度和断裂韧度，而且锻模的尺寸一般都比较大，还要求锻模材料具有很好的淬透性、高的热疲劳抗力和回火稳定性。不同类型锻模的硬度和抗力指标要求见表3－9。

表3－9　不同类型锻模的硬度和抗力指标要求

锻模类型	锻模高度	模面硬度		燕尾硬度		抗力指标
		（HBW）	（HRC）	（HBW）	（HRC）	
小型	<250	387～444 364～415	41～47 39～44	321～364	35～39	1. 650℃时 $\sigma_{0.2}\geqslant$400MPa 2. $\alpha_{K20℃}\geqslant 50J/cm^2$ $\alpha_{K300℃}\geqslant 70J/cm^2$ $\alpha_{K650℃}\geqslant 70J/cm^2$ 3. T_Q（640℃×4h）≥35HRC
中型	250～350	364～415 340～387	39～44 37～41	302～340	33～37	
大型	350～500	321～364	35～39	286～321	30～35	
特大型	>500	302～340	33～37	269～321	28～35	

表3－9 中，小型和中型的模面硬度值有两个标准，一般地说，浅型槽及形状简单者用

高硬度值，而较深型槽或形状复杂的模具用低硬度值。

压力机模锻的特点是成形速度慢，单件滞模时间长（约3~6s），因此，模膛表面温度升高，瞬时温度可达700℃，冷却及润滑条件较好时，温度可能低一些，但也会达500℃左右，这也超过了5CrNiMo或5CrMnMo模块的回火温度，从而导致模具早期磨损、压塌等失效。因此，应选用耐热性较高的高强韧性模具钢制作压力机锻模。表3-10列出了锤锻模用钢的主要牌号，可供选材时参考。

表3-10　锤锻模用钢的选择

锻模类型	模具钢的选用
小型（吨位小于1t，高度小于250mm）	5CrMnMo、5CrNiTi、5SiMnMoV、4SiMnMoV、6SiMnMoV
中型（吨位1~3t，高度250~350mm）	5CrMnMo、5CrNiTi、5SiMnMoV、4SiMnMoV、6SiMnMoV
大型（吨位4~6t，高度350~500mm）	5CrNiMo、5CrNiW、5CrNiTi、5SiMnMoV
特大型（吨位大于6t，高度500mm以上）	5CrNiMo、5CrNiW、5CrNiTi、5SiMnMoV
堆焊锤锻模	5Cr2MnMo
压力机锻模（大尺寸）	5CrNiMo、5Cr2NiMoVSi、4Cr5MoSiV1、4Cr5MoSiV、4Cr3W2VSi、3Cr3Mo3W2V、5Cr4W5Mo2V

燕尾是锻模固定在锤头的部位，直接与锤头接触，其硬度不应高于锤头。燕尾根部存在较大的应力集中，因而硬度也不宜太高。因此，燕尾硬度应低于模具型腔硬度，对燕尾要进行专门的回火。燕尾回火方法有以下两种：

（1）专用燕尾回火炉中回火　该种方法是工厂生产中比较常用的燕尾回火方法，如图3-2所示。它是将燕尾向下置于电炉、煤炉或盐浴炉的炉槽内加热回火。具体回火温度根据钢种及模具燕尾硬度要求而定。

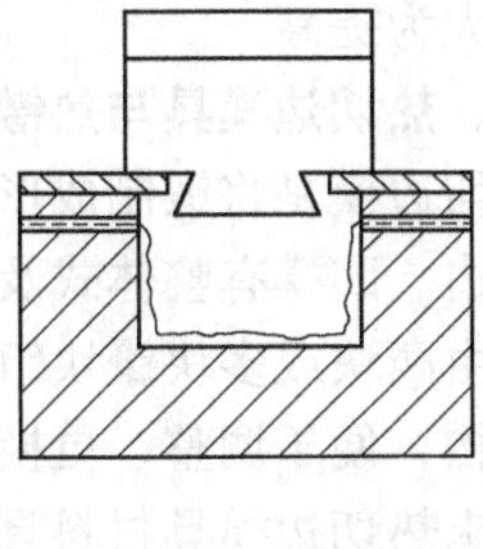

图3-2　锻模燕尾回火专用炉示意图

（2）燕尾自回火法　这是较广泛采用的一种方法，即将整个锻模在油中冷却到一定温度后，将燕尾提出油面停留一段时间，此时模具心部温度仍较高，燕尾已淬火的部分被心部热量加热而回火。实际操作时要反复多次入油，以防燕尾温度升高到足以引起淬火油燃烧，因此，需注意安全。此外，此法只适用于燕尾朝上的淬火方法，对模具侧立或燕尾朝下的入油方法，无法实现燕尾自回火。

二、热挤压模具材料的选用

热挤压模具所受的冲压载荷比热锻模小，对冲击韧度与淬透性的要求不及热锻模高，但它们工作时，与炽热金属接触的时间比热锻模长，工作温度最高可达800~850℃，因反复加热冷却而引起的热疲劳损坏现象也更为严重。因此，要求挤压模具材料具有较高的耐热疲劳性和热稳定性，并且还要求具有较高的热强性。表3-11为对几种热挤压凹模的硬度要求，表3-12为推荐使用的热挤压模具用材料。

表 3-11　几种热挤压凹模的硬度要求

挤压材料	钢、钛或镍合金	铜或铜合金	铝、镁合金
挤压材料的加热温度/℃	>1000	650~1000	350~500
模具硬度（HRC）	43~47	36~45	46~50

表 3-12　热挤压模具用材料

模具工作零件	挤压材料	推荐模具材料
凹模	轻金属及其合金	4Cr5MoSiV1、3Cr2W8V、4Cr3Mo3W2V、4Cr5MoSiV
	铜及其合金	3Cr2W8V、4Cr3Mo3W2V、5Mn15Cr8Ni5Mo3V2、5Cr4Mo2W2SiV、4Cr14Ni14W2Mo
冲头	轻金属及其合金、铜及其合金	5CrNiMo、4CrMnSiMoV、4Cr5MoSiV、4Cr5MoSiV1、3Cr2W8V
冲头头部	轻金属及其合金、铜及其合金、钢	4Cr5MoSiV1、3Cr2W8V、Cr14Ni25Co2V
管材挤压芯棒	轻金属及其合金、铜及其合金、钢	3Cr2W8V、4Cr3Mo3W2V
管材穿孔芯棒	轻金属及其合金、铜及其合金、钢	4Cr5MoSiV1、3Cr2W8V、4Cr3Mo3W2V

与3Cr2W8V钢相比，RM2钢、GR钢、HM1钢、012Al钢、CG—2钢等既有较高的硬度、强度，又有较高韧度，用新型热作模具钢代替3Cr2W8V制作轴承套圈挤压模具，其使用寿命大为提高。

三、热切边模具与热镦模具材料选用

热切边模是将锻制成形的毛坯切去飞边。热切边模工作时，凸模压住锻件，由凹模切去锻件飞边。凹模有整体式及组合式两种，整体式凹模适用于中、小型或简单的切边模；组合式凹模由两块或多块镶块组成，制造工艺简单，热处理变形小，不易淬火开裂。凹模采用组合式结构，便于调整、更换及修复使用，特别适用于大型及形状复杂的切边模。

要求热切边模具材料具有高的耐磨性、高硬度及热硬性，一定的强韧性和良好的工艺性能。热切边模具用钢通常碳含量较高，常用的热切边模具材料见表3-13，其中8Cr3钢应用最广。

表 3-13　热切边模具材料

模具名称	推荐材料	模具硬度（HRC）
热切边凹模	8Cr3	43~45
	7Cr3	43~45
	4CrW2Si	43~45
	5CrNiMo	43~45
	5CrMnMo	43~45
热切边凸模	8Cr3	35~40
	7Cr3	35~40

热镦模用钢也应具有较好的耐磨性及较高的屈服点，以防止过早热磨损及堆塌变形。热作模具钢 HM1、012Al、GR、HM3 以及 3Cr2W8V 钢等，都可用于制作热镦模具。

四、压铸模具材料的选用

近年来，压铸成型已广泛用于汽车拖拉机、仪器仪表、航空航海、电机制造、日用五金等行业。但是，如何选用合适的模具材料，提高压铸模具使用寿命，特别是高熔点金属（如铜和黑色金属）的压铸模具使用寿命，是该项工艺发展的关键。

压铸模具是在 30～150MPa 的高压下将 400～1600℃的熔融金属压铸成型。成型过程中，模具周期性地经受加热和冷却，且受到高速喷入灼热金属的冲刷和腐蚀。因此，要求模具用钢具有较高的热疲劳抗力、导热性及良好的耐磨性、耐蚀性、高温力学性能。

压铸模具的选材，主要依据浇铸金属的温度以及浇注金属的种类而定。表 3－14 是某厂对压铸模的硬度要求，可供参考。各厂所要求的硬度值高、低各不相同，应根据具体情况决定。

表 3－14　某厂对压铸模的硬度要求

类别 / 零件名称	在压铸下列金属时的模具硬度（HRC）		
	铜合金	铝合金	锌合金
型腔、型芯	44～48	44～48	45～50
分流锥、浇口套	44～48	44～48	45～50
推杆	45～50	45～50	45～50

1. 锌合金压铸模

锌合金的熔点为 400～430℃，锌合金压铸模模膛的表层温度不会超过 400℃。由于工作温度较低，故除常用模具钢外，也可采用合金结构钢制造模具，甚至可采用低碳钢经中温碳氮共渗、淬火、低温回火，使用效果也很好。常用于制造锌合金压铸模的材料有 40Cr、30CrMnSi、40CrMo、5CrNiMo、5CrMnMo、4Cr5MoSiV、4Cr5MoSiV1、3Cr2W8V、CrWMn 钢等。

2. 铝合金压铸模

铝合金压铸模的服役条件较为苛刻，铝合金熔液的温度通常在 650～700℃，以 40～180m/s 的速度压入模膛，压力为 20～120MPa，保压时间 5～20s，每次压射间隔时间为 20～75s。

模膛表面受到高温高速铝液的反复冲刷，产生较大应力。要求铝合金压铸模用钢必须具备高的回火抗力和冷热疲劳抗力，足够的强度、塑性及耐热性能，良好的导热性，低的热膨胀系数等。在工艺性能中，特别要求改善热处理变形性及具有良好的渗氮（或氮碳共渗）工艺性能。

目前，我国常用的铝合金压铸模具钢有 4Cr5MoSiV1（H13）、3Cr2W8V 及新钢种 4Cr5Mo2MnSiV1（Y10）和 3Cr3Mo3VNb（HM3）等。

马氏体时效钢模具使用寿命极高，如压铸小型箱盖，H13 钢模具使用寿命为 5000～25000 件，改用马氏体时效钢后，模具使用寿命提高到 150000 件，平均使用寿命提高 10 倍左右。

3. 铜合金压铸模

铜合金压铸模的工作条件极为苛刻。铜液温度通常高达870～940℃，以0.3～4.5m/s的速度压入模膛，压力为20～120MPa，保压时间4～6s，每次压射的间隙时间为15～35s。

由于铜液温度较高，且导热性极好，工件传递给模具的热量大且快，常使模膛在极短时间即可升到较高温度，然后又很快降温，产生很大的热应力。这种热应力的反复作用，促使模膛表面产生冷热疲劳裂纹，并会造成模膛早期开裂。因此，铜合金压铸模的使用寿命远比铝合金及锌合金压铸模使用寿命低。要求铜合金压铸模具材料具有高的热强性、高的导热性、高的韧度及塑性、高的耐氧化性及耐金属侵蚀性、良好的加工工艺性能。

国外已采用加钴的钨系高热强模具钢、钨基合金、钼基合金、马氏体时效钢以及加钴的铬钼钒钢等材料制造铜合金压铸模，其使用效果比3Cr2W8V钢好。

国内仍大量采用3Cr2W8V钢制造铜合金压铸模具，也有的用铬钼系热模钢。近年，我国研制成功新型热模钢Y4（4Cr3Mo2MnVNbB），其耐热疲劳性能明显优于3Cr2W8V钢，3Cr3Mo3V钢模具的使用寿命也比3Cr2W8V钢模具高。钨基合金Anviloy1150、钼基合金TZM合金制造的压铸模都有较高的使用寿命。如用3Cr2W8V钢制造的黄铜压铸模，可压铸6000件；而TZM合金制造的压铸模，可压铸2～3万件以上；钨基合金制造的铜合金压铸模可压铸18万次，而且铸型不必用水冷却。但因钨、钼价格昂贵，在我国难以推广应用。

4. 钢铁材料压铸模

钢的熔点为1450～1540℃，钢铁材料压铸模的工作温度高达1000℃，型腔表面受到严重氧化、腐蚀及冲刷，模具使用寿命很低。模具一般只压铸几十件或几百件即产生严重的塑性变形和网状裂纹而失效。

最常用的模具材料仍为3Cr2W8V钢，但因该钢的热疲劳抗力差、使用寿命很低。目前国内外，均趋向使用高熔点的钼基合金及钨基合金制造黑色金属压铸模，其中TZM及Anviloy1150两种合金受到普遍重视。采用导热性好的合金，如铜合金制造黑色金属压铸模，也收到满意的效果。

第八节　热作模具材料选用实例

一、十字轴预应力闭合锻模

十字轴零件毛坯如图3-3所示，材料为低合金钢20CrMnTi，挤压前对ϕ40mm的原材料进行退火软化处理，其硬度为130～135HBW。挤压时，材料在模具型腔内作径向流动形成对称结构的十字轴。

模具结构如图3-4所示，为防止模具在挤压过程中沿切应力方向因强度不够而发生破裂，需对模具增加预应力层，让模具装配过程中外圈、中圈对内圈产生预加载荷，抵消模具型腔在挤压过程中的部分挤压应力。预应力层和模具型腔体之间的结合面使用小于摩擦角锥面配合（1°30″），结合面在安装前经过精密磨削加工，使结合面的理论接触面积不小于70%；在室温下模具经压力机装配后，结合面在径向具有0.45～0.60mm的过盈，使模具型腔具有预应力。

凸模、凹模的材料都为4Cr5W2VSi，经过热处理后，硬度为48～58HRC，韧性也比较好。中圈和外圈选用40Cr钢，经调质处理后具有良好的强韧性。

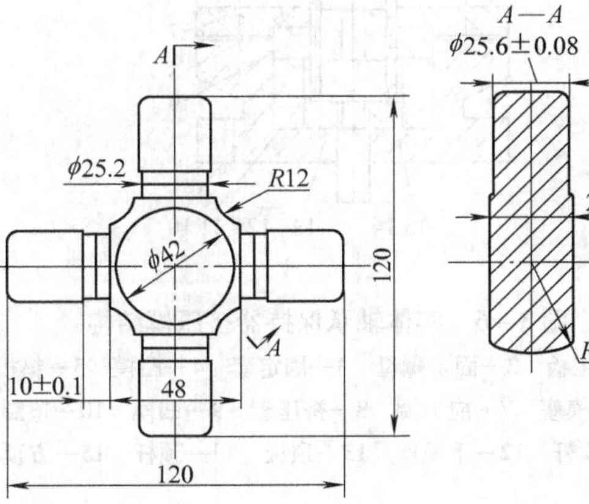

图3－3　十字轴毛坯图

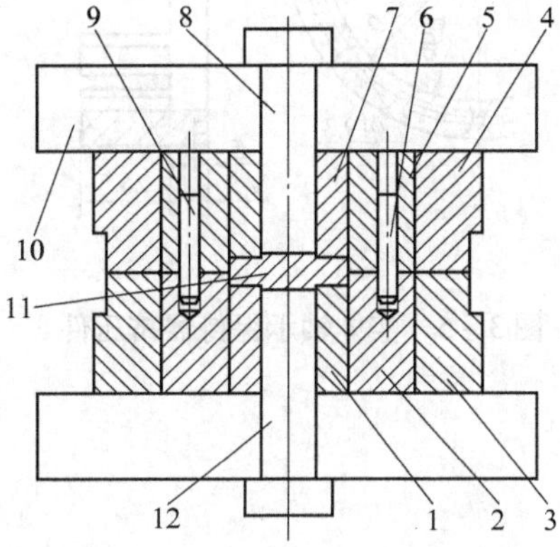

图3－4　十字轴预应力闭合锻模

1、7—模具内圈　2、5—模具中圈　3、4—模具外圈　6、9—定位销　8、12—凸模　10—上模座　11—锻件

二、实体轴承保持器等温挤压模具

图3－5为一种铜合金实体轴承保持器的一个典型零件，传统的加工工艺主要采用离心铸造方法制管坯，再经内外圆多次加工、切断、车端面、铣兜孔等10多道工序成形。该方法的劳动条件差，生产率低，特别是材料利用率只有20%～30%。

等温挤压是一种精密成形方法，与冷挤压、温挤压、热挤压不同，它是把热毛坯放在加热到变形温度的模具里并在恒定的温度下进行挤压，从而获得一定形状、尺寸和力学性能的挤压件。

挤压模结构如图3－6所示，下模采用镶拼式结构，模具型槽主要由应力圈7、挤压套8、挤压凹模9以及小顶杆11、方顶杆15组成。由于模具在高温下工作，主要工作零件凸模、凹模以及挤压套均采用4Cr5MoSiV1（H13）钢制造，热处理硬度均为58～62HRC。

三、起重电机壳体挤压铸造模

图3－7为PK系列3P/13型电动机壳体，壳体内部镶有硅钢片，它是经预叠压后放入模具再挤压铸造成型的。由于合金收缩包紧硅钢片使之成为一整体，所以电机工作温升小，散热条件好，起重转矩大，是一种节能型电动机。

根据零件的形状特点，模具设计采用斜销抽芯四开模，模具结构如图3－8所示。模块材料采用4Cr5MoSiV1（H13），模体材料采用45钢。

模具工作前，用红外线板将模具的成型零件表面预热到100～120℃，将熔炼好的铝合金液浇注到由定模块和压头组成的压室中。

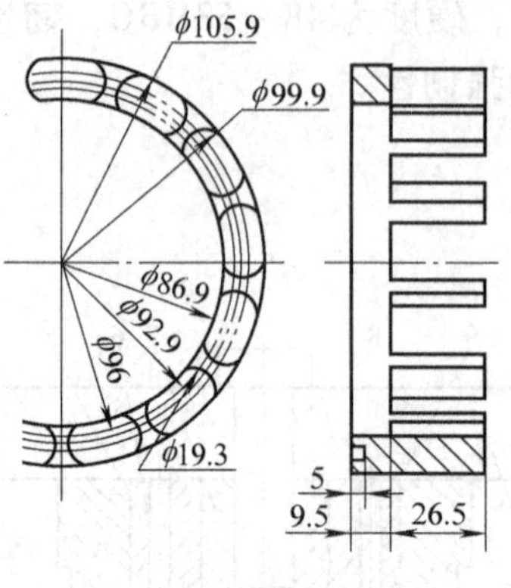

图 3-5　实体轴承保持器挤压件

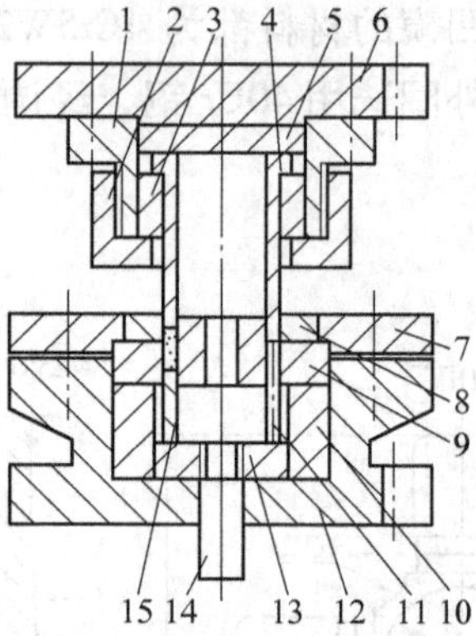

图 3-6　实体轴承保持器挤压模结构

1—固定板　2—固定螺母　3—固定套　4—凸模　5—垫板　6—上模座　7—应力圈　8—挤压套　9—凹模　10—垫圈　11—小顶杆　12—下模座　13—顶板　14—顶杆　15—方顶杆

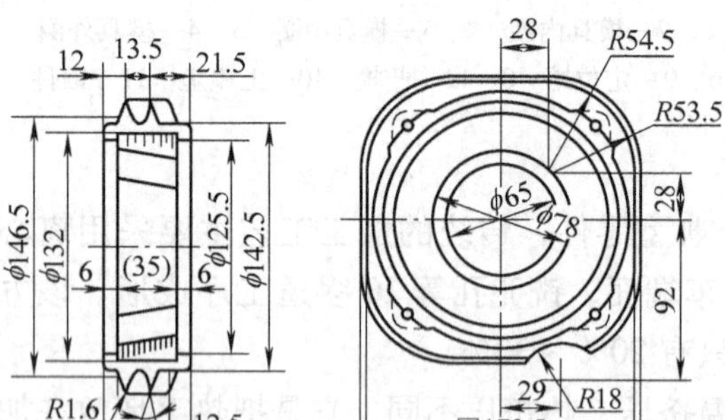

图 3-7　电动机壳体

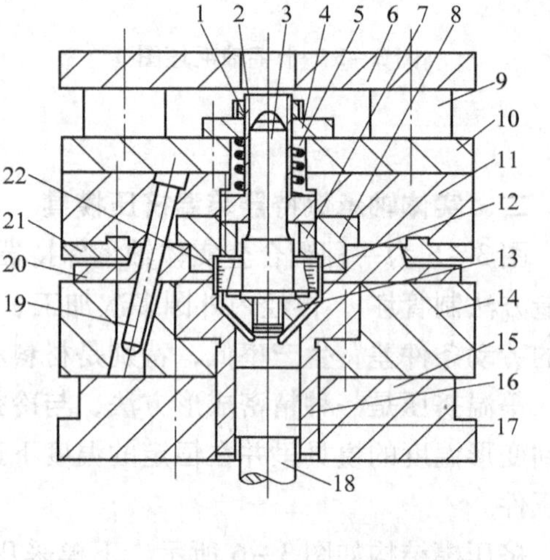

图 3-8　电动机壳体挤铸模

1—小圆螺母　2—轴套　3—假轴　4—盖板　5—弹簧　6—压板　7—压环　8—动模块　9—压柱　10—动模盖板　11—动模板　12—电动机壳体　13—分流锥　14—定模板　15—定模座　16—定模块　17—压头　18—顶杆　19—斜销　20—滑块　21—楔紧块　22—壳体芯片

四、气门热锻模

某厂生产气门的形状如图 3-9 所示。气门的质量要求较高，通常采用精密锻造，若在圆弧部位表面有细微的瑕疵即为不合格，要求圆弧部位保留锻造加工的流线而不允许进行切削加工，并且要求有较高的表面质量，所使用的热锻模结构如图 3-10 所示，下模由模芯、模座和模套组成。

模座和模套用 45 钢制造，模芯用 4Cr3Mo2NiVNb 钢制造淬火，加热温度为 1130 ~

1180℃，油淬至150℃后空冷，硬度为51.5HRC，在570℃进行低温氮碳共渗，经氮碳共渗的4Cr3Mo2NiVNb钢制热锻模的使用寿命比3Cr2W8V钢制模具的使用寿命长1倍以上。

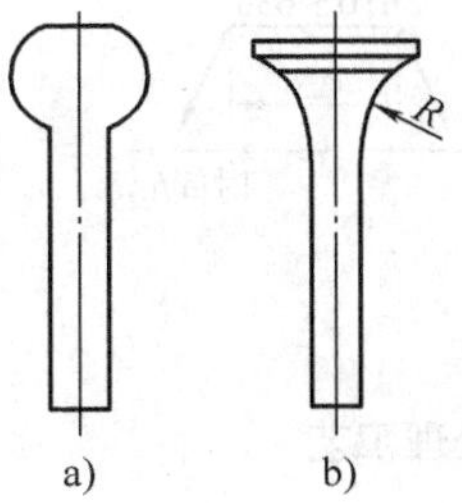

图3-9　气门的形状

a）热镦后气门毛坯上端呈蒜头状　b）热锻后气门毛坯

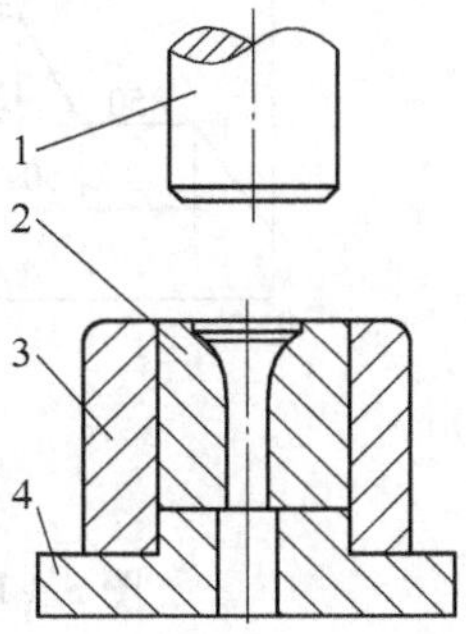

图3-10　气门热锻模

1—上模　2—下模芯　3—下模套　4—下模座

五、7909轴承套圈热锻冲头

7909轴承套圈热冲孔模的工作状态如图3-11所示，在500t的多工位压力机上锻压成形，压力机每分钟的行程次数为27次，穿孔冲头的结构如图3-12所示，冲头在冲孔过程中要承受很高的压应力、拉应力、弯曲应力、冲击力和摩擦力。冲孔温度为850~1050℃，冲头直接与高温锻件接触，常呈暗红色，因冲头的温度较高，在工作过程中要用水进行冷却，冲头被反复加热和冷却，工作条件十分恶劣。因此，要求冲头材料具有较高的高温强度和高温硬度，高的耐热疲劳性能及回火稳定性。

选用5Cr4W5Mo2V钢制造第三工位穿孔冲头，其热处理工艺如图3-13所示，淬火后的硬度为58~62HRC，回火后的硬度为51~53HRC，取得了比较满意的效果。

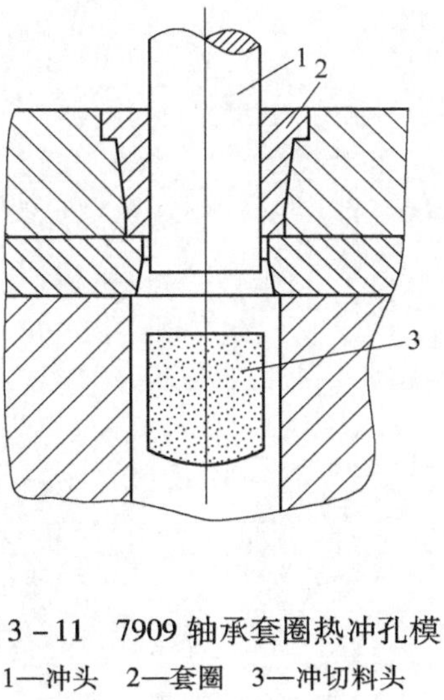

图3-11　7909轴承套圈热冲孔模

1—冲头　2—套圈　3—冲切料头

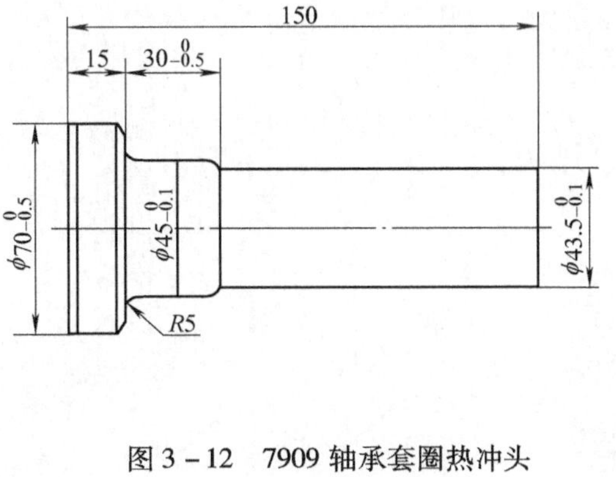

图3-12　7909轴承套圈热冲头

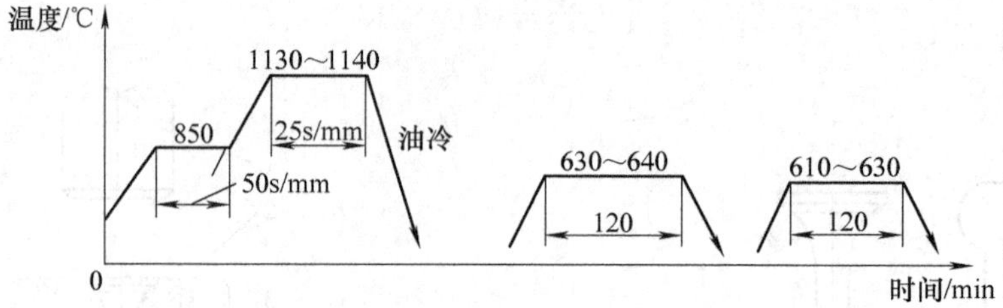

图 3－13　5Cr4W5Mo2V 钢制冲头的热处理工艺

思考与练习

1. 热作模具钢是怎样分类的？写出常用热作模具材料的牌号。
2. 简述热作模具的工作条件及性能要求。
3. 影响热作模具材料抗热疲劳性能的因素有哪些？
4. 热作模具钢的化学成分有什么特点？
5. 热作模具材料的选用应考虑哪些主要因素？
6. 试述 5CrNiMo 钢热锻模热处理工艺及注意事项，热锻模燕尾可采用哪些方法处理？
7. 简述 3Cr2W8V 钢压铸模的热处理工艺。
8. 影响热作模具使用寿命的因素有哪些？提高热作模具使用寿命的措施有哪些？

第四章 橡塑模具材料

我国橡塑工业的迅速发展，橡塑制品的广泛应用，极大地推动了橡塑成型模具的发展，对橡塑模具材料的需求量越来越大，并对材料的质量和性能要求越来越高。目前用户使用的橡塑模具材料有国产的，也有进口的，年消耗量很大。近十几年来，国内许多单位在研制新型橡塑模具材料、提高冶金质量、优化热处理工艺、提高模具寿命等方面做了大量的工作，为用户提供了很多质优价廉的橡塑模具材料，获得了明显的技术经济效益。

第一节 橡塑模具材料的性能

由于橡塑模具的使用条件不同，对橡塑模具材料的使用性能要求也各不相同。总的来说，要求模具材料应具有一定的强度、硬度、耐磨性、耐蚀性和耐热性能等，同时也要求模具材料应具备良好的工艺性能，其中包括可加工性、抛光性能、焊接性能、表面饰纹加工性能、尺寸稳定性和热处理变形小等。这些要求对于制造大型、复杂、高精度的塑料成型模具更为重要。

一、塑料成型模具的分类及工作条件

1. 塑料成型模具的分类

根据塑料的热性能和成型方法的不同，可将塑料成型模具分为两大类：

（1）热固性塑料成型模具　主要用于成型热固性塑料制品，包括热固性塑料压制模具、热固性塑料传递模具和热固性塑料注射成型模具三种类型。

（2）热塑性塑料成型模具　主要用于热塑性塑料制品的成型，包括热塑性塑料注射成型模具、热塑性塑料挤出成型模具、热塑性塑料吹塑成型模具等。

2. 塑料成型模具的工作条件

塑料成型模具在成型过程中所受的力有合模力、模腔内熔体的压力、开模力等，而塑料熔体对模腔的压力是主要的，因而在计算模腔的强度和刚度时，是以熔体对模腔的最大压力为依据的。

（1）热固性塑料成型模具　热固性塑料成型模具的工作温度一般为160～250℃，在流动性差的塑料快速成型时，模具的局部温度会较高。模腔工作时承受的压力一般为30～200MPa，模腔表面易受腐蚀和磨损，手工操作时会受到脱模的周期性冲击和碰撞。

（2）热塑性塑料成型模具　热塑性塑料成型模具的工作温度一般在200℃以下，模腔工作时承受的压力一般为100～200MPa，在塑料熔体充模时，模具工作零件，尤其浇注系统明显地受到熔体流动的摩擦、冲刷。当成型聚氯乙烯、氟塑料及阻燃级的ABS塑料制品时，在其成型过程中分解出的HCl、SO_2、HF等腐蚀性气体，会使模具表面腐蚀破坏。

二、对橡塑模具材料的性能要求

根据各类橡塑成型模具的工作条件和失效形式，橡塑模具材料应满足下列性能要求。

1. 对使用性能的要求

1）合适的强度与韧性，使模具能承受开模力、熔体压力、锁模力的作用而不发生变形

和开裂。

2）足够的硬度与耐磨性，使模具模膛表面有足够的抗磨损能力，橡塑成型模具的硬度通常在38～55HRC范围内，形状简单、抛光性能要求高的模具，硬度可取高些，反之，硬度可取低些。

3）良好的耐蚀性，以抵御HCl、SO_2、HF等腐蚀性气体的腐蚀。

4）良好的耐热性和尺寸稳定性，模具材料应有稳定的组织和低的热膨胀系数。

5）材料应高度纯洁，组织均匀致密，无网状及带状碳化物，无孔洞疏松及白点等缺陷。

2. 对加工工艺性能的要求

1）良好的可加工性，塑料模具模膛大多比较复杂，模膛表面质量要求高，因此模具材料应具有优良的可加工性。

2）良好的镜面加工性能和表面装饰纹加工性能，在硬化状态下应具有良好的镜面抛光性能（表面粗糙度$R_a \leqslant 0.100\mu m$）及花纹图案蚀刻性能。

3）应具有良好的热加工性能，淬透性高，热处理变形小，尺寸稳定性好。热处理后具有高的强韧性、高的硬度和耐磨性，等向性能好。

4）焊接修补方便，在模具制造完毕后不得不变更制品设计方案、塑料模具在使用中磨损需要修复时，常采用焊补的方法，因此要求模具材料应具有较好的焊接性能。

5）良好的电加工性能，电加工时不会产生电加工硬化层。

第二节　常用橡塑模具材料的类型

由于不同的橡塑制品对模具材料有不同的性能要求，在不少国家已经形成了专用的塑料模具钢系列。目前，模具材料仍以钢材为主，但根据塑料的成型工艺条件，也可采用低熔点合金、低压铸铝合金、铍铜等其他模具材料。

一、模具钢

对橡塑模具钢使用性能的要求并不是很高，但是，必须保证橡塑模具材料具备优良的工艺性能，特别是对于制造大型、复杂、高精度的塑料模具更为重要。因此，近年来为了适应塑料成型加工业发展的需要，初步形成了塑料模具钢系列、制定了专用的技术条件和标准。经过国内多年来的研制和吸收国外的先进经验，形成的橡塑模具钢已经分别纳入下列有关技术标准中：

1）国家标准GB/T 1299—2000合金工具钢。

2）冶金行业标准YB/T 094—1997塑料模具用扁钢。

3）冶金行业标准YB/T 107—1997塑料模具用热轧厚钢板。

4）冶金行业标准YB/T 129—1997塑料模具用模块。

根据需要，塑料模具也可以借用其他标准的一些钢种来制造，例如，GB/T 1299—2000合金工具钢中的冷作模具钢和无磁钢可用于制作最终淬硬的高耐磨塑料模具，如Cr4W2MoV、6Cr4W3Mo2VNb、6W6Mo5Cr4V、5Cr4Mo3SiMnVAl、7Mn15Cr2Al3V2WMo钢。

二、非铁合金

非铁合金的导热性好，制模容易，成本低。可选用国家标准中有关铸造或锻造的铜基、铝基、锌基合金。

三、钢结硬质合金

钢结硬质合金以合金钢粉末作粘结相，以金属碳化物（WC、TiC）作硬质相，直接模压及烧结成为模具模膛，可热处理，具有高硬度、高耐磨性和一定的韧度，但表面质量有限，用于玻璃纤维增强塑料的成型模具，但价格较贵，可按 GB/T 10417—2008 碳化钨钢结硬质合金技术条件及其力学性能的测试方法选用。

四、镍基合金

镍基合金非常耐蚀、耐磨，但价格较贵。可根据 GB/T 15007—1994 耐蚀合金牌号选用。

第三节　渗碳型橡塑模具钢

渗碳型橡塑模具钢的塑性好，主要用于冷挤压成形的橡塑模具，无需进行切削加工，对于大批量生产同一形状的模具是很有利的，它可缩短模具的制造周期、降低成本，而且模具的互换性好。为了便于冷挤压成形，这类钢在退火状态必须有高的塑性和小的变形抗力，冷加工硬化效应不明显。成形复杂模膛时，要求退火硬度≤100HBW；成形浅模膛时，要求退火硬度≤160HBW。因此，对这类钢要求有低的碳含量，一般 w_C =0.10% ~0.25%；钢中的合金元素使铁素体产生固溶强化，这是我们不希望的，因而需要加以选择和限制，铬、镍是比较理想的元素。常用渗碳型橡塑模具钢有 20、20Cr、12CrNi2、12CrNi3、12Cr2Ni4、20CrNi4、LJ 钢等。

一、12CrNi3 钢

12CrNi3 钢是传统的中淬透性合金渗碳钢，冷成形性能属中等。该钢碳含量较低，加入合金元素镍、铬，以提高钢的淬透性和渗碳层的强韧性，尤其是镍，在产生固溶强化的同时，明显提高钢的塑性。该钢的锻造性能良好，锻造加热温度为 1200℃，始锻温度 1150℃，终锻温度大于 850℃，锻后缓冷。

为了提高钢的冷成形性，锻后必须进行软化退火，退火工艺为加热到 740 ~760℃，保温 4 ~6h 后以 5 ~10℃/h 的速度缓冷至 600℃，再炉冷至室温，退火后的硬度 <160HBW，适于冷挤压成形。

12CrNi3 钢也可用来制造切削加工成形的橡塑模具，为了改善切削性能，模坯须经正火处理，正火工艺为加热到 880 ~900℃，保温 3 ~4h 后空冷，正火硬度≤229HBW，切削性能良好。

12CrNi3 钢采用气体渗碳工艺时，加热温度为 900 ~920℃，保温 6 ~7h，可获得 0.9 ~1.0mm 的渗碳层，渗碳后预冷至 800 ~850℃ 直接油冷或空冷淬火，淬火后表层硬度可达 56 ~62HRC，心部硬度为 250 ~380HBW。12CrNi3 钢主要用于冷挤压成形复杂的浅型腔塑料模具，或用于切削加工成形大、中型塑料模具。

二、20Cr2Ni4 钢

20CrNi4 钢为高强度合金渗碳钢，有良好的综合力学性能，其淬透性、强韧性均超过 12CrNi3 钢。该钢可锻性能良好，锻造加热温度为 1200℃，始锻温度 1150℃，终锻温度大于 850℃，锻后缓冷。

20Cr2Ni4 钢如在锻后出现晶粒粗大时，即使经正火及随后渗碳加热，在淬火后仍将得到粗大的马氏体组织。而且，当表面碳含量较高时，还易于在粗大奥氏体晶粒的晶界上形成碳化物网。对于此类钢，如锻后发现晶粒粗大，可以用下列热处理工艺加以改善。即先在640～670℃回火6h后空冷，以消除锻造后的残余应力。然后以大于20℃/min的速度加热到880～940℃，空冷，再在650～770℃回火，以获得均匀细小的珠光体和少量铁素体组织。

三、LJ钢（0Cr4NiMoV）

LJ钢为冷挤压成形橡塑模具专用钢。LJ钢的碳含量极低，塑性优异，变形抗力低，其冷挤压成形性能与工业纯铁相近，冷挤压成形的模具模膛轮廓清晰、光洁、精度高。钢中的主加元素为Cr，辅加元素为Ni、Mo、V等，合金元素的主要作用是提高钢的淬透性，提高渗碳层的硬度、耐磨性和心部强度。

LJ钢具有良好的锻造性能和热处理工艺性能。锻造加热温度为1230℃，始锻温度为1200℃，始锻温度为900℃。退火加热温度为880℃，保温2h，随炉缓冷至650℃出炉空冷，退火硬度为100～105HBW。

LJ钢的渗碳速度快，渗碳速度比20钢快一倍，固体渗碳加热温度为930℃，保温6～8h，渗后在850～870℃油中淬火，在200～220℃回火2h，回火后表面硬度为58～60HRC，心部硬度为27～29HRC，热处理变形小。LJ钢主要用来冷挤压成形精密塑料模具，由于渗碳层深度较大，不会出现模膛表面塌陷和内壁咬伤的现象，使用效果良好。

第四节　预硬型橡塑模具钢

预硬型橡塑模具钢是指将热加工的模块，预先调质处理到一定硬度（一般分为10HRC、20HRC、30HRC、40HRC四个等级）供货的钢材，待模具成形后，不需再进行最终热处理就可直接使用。从而避免由于热处理而引起的模具变形和开裂，这种钢称预硬化钢。预硬化钢最适宜制作形状复杂的大、中型精密塑料模具。常用的预硬型橡塑模具钢有3Cr2Mo（P20）、3Cr2NiMo（P4410）、P20BSCa、P20SRe、P20S、5NiSCa、SM1、8Cr2MnWMoVS、4Cr5MoSiV1（H13）钢等。

预硬化钢的使用硬度一般在30～42HRC范围内，可加工性较差。为了减少机加工工时、延长刀具使用寿命、降低模具成本，国内外都研制了一些易切削预硬化钢，即加入S、Pb、Se、Ca等合金元素，以改善钢的可加工性。下面介绍几种典型的预硬化橡塑模具钢。

一、3Cr2Mo（P20）系列钢

1. 3Cr2Mo钢

3Cr2Mo钢与美国通用型塑料模具钢P20是同类型钢，具有高的纯洁度，镜面抛光性好，力学性能均匀。该钢含有合金元素铬、钼，故淬透性较好，通常采用调质预硬处理，预硬硬度一般为30～36HRC。

将3Cr2Mo钢调质到30HRC以上的硬度，进行机械加工，然后进行抛磨，表面粗糙度可达到R_a=0.05～0.10μm的镜面要求，P20钢价廉物美，主要用于制造中、小型橡塑模具，如黑白电视机、大型收录机的外壳和洗衣机面板盖等塑料成型模具。该钢在成形加工后，还可进行镀铬、渗碳、渗氮、气相沉积等表面处理，以提高模具型腔表面的耐磨性。

近年来，国内有关单位在3Cr2Mo钢的基础上，研究开发了一系列模具材料，如3Cr2NiMo（P4410）、P20BSCa、P20SRe、3Cr2MnMo（GZ943）、3Cr2NiMnMo（GZ942）、3Cr2NiMnMoV（GZ941）、P20S、P20Ca等，初步形成了3Cr2Mo（P20）系列钢。

2. 3Cr2NiMo（P4410）钢

3Cr2NiMo钢是3Cr2Mo钢的改进型，是在3Cr2Mo钢的基础上添加质量分数为0.8%～1.2%的镍而制成的钢种，以提高钢的淬透性、强韧性和耐蚀性。国内研制的P4410钢的成分，与瑞典生产的P20钢改进型钢号718一致。截面厚度为250mm的钢坯经860℃加热淬火后，整个截面的硬度均匀，均为45HRC。

P4410钢有较高的纯洁度，组织致密，镜面抛光性能好，表面粗糙度可达R_a0.01～0.05μm。经预硬化到32～36HRC后，具有良好的车、铣、磨等可加工性。

P4410钢可采用火焰局部加热到800～825℃，在空气中自然冷却或压缩空气冷却，使局部表面的硬度达到56～62HRC，以延长模具的使用寿命。也可对模具进行表面镀铬，表面硬度从370～420HV提高到1000HV，显著提高模具的耐磨性和耐蚀性。该钢的焊接工艺性良好，可进行焊补修复。该钢主要用于预硬截面厚度要求大于250mm的橡塑成型模具。

二、Y55CrNiMnMoV（SM1）钢

Y55CrNiMnMoV钢属含硫系易切削预硬塑料模具钢，经预硬处理后，硬度一般为35～40HRC。在此硬度下，SM1钢具有高的强韧性、优良的切削性能和镜面抛光性能，模具加工成形后可不再热处理而直接使用。此钢还具有较好的耐蚀性和可渗氮等优点，广泛用于制造高精度橡塑成型模具，如录音机外壳模、洗衣机外壳模、继电器组合件注射模等。

SM1钢的碳、铬含量较低，具有比较好的锻造性能，锻造加热温度为1150℃，始锻温度为1050℃，终锻温度≥850℃，锻后需进行球化退火，等温球化退火工艺为缓慢升温到810℃左右，保温2～4h，冷却到680℃等温4～6h，炉冷到550℃出炉，退火硬度为200HBW。SM1钢的淬火加热温度为800～860℃，淬火硬度为58HRC，回火温度为620℃，回火硬度为35～40HRC。

三、5CrNiMnMoVSCa（5NiSCa）钢

5NiSCa钢是我国研制的高效新钢种，属于硫、钙复合系易切削预硬化橡塑模具钢。该钢不仅具有良好的切削性能，而且镜面抛光性也好，蚀刻花纹图案清晰逼真，并在使用中有较强的保持模具镜面的能力。

5NiSCa钢经880℃加热油淬、600℃回火的预硬处理后，硬度为36～48HRC，具有优良的综合力学性能、耐磨性能、等向性能、切削性能和镜面抛光性能，表面粗糙度可达R_a0.05～0.025μm，抛光后的模具，置于大气中容易锈蚀氧化，应及时进行镀铬或渗氮处理，既能保护模膛表面，又能提高表面硬度和耐磨性。5NiSCa钢在高硬度（50HRC以上）仍具有高的韧性及止裂能力，且变形小。

5NiSCa钢的锻造预热温度为800℃，锻造加热温度为1100℃，始锻温度为1070～1100℃，始锻温度为850℃，锻后砂冷。此钢锻造变形抗力小，塑性良好，容易锻造。

5NiSCa钢可用于制作型腔复杂、精密的大、中、小型注射模具、橡皮模具和压注模具，例如收录机、洗衣机等塑料模具，模具使用寿命超过P20钢，接近进口模具的先进水平。如录音机上的磁带门仓，用透明塑料压制而成。这种塑料对模具模膛、型芯的表面粗糙度要求很高，过去依靠进口日本产NAK55及S136镜面钢，现将5NiSCa钢预硬处理到40～42HRC

后制造模具，使用效果良好，模具质量和使用寿命超过了进口钢材，从而解决了国内对易切削高精度预硬模具钢的要求。

四、8Cr2MnWMoVS（8Cr2S）钢

8Cr2S钢是我国研制的硫系易切削预硬化高碳钢，该钢不仅用来制作精密零件的冷冲压模具，而且经预硬化后还可以用来制作塑料成型模具。此钢具有高的强韧性、良好的切削性能和镜面抛光性能，具有良好的表面处理性能，可进行渗N、渗B、镀Cr、镀Ni等表面处理。

8Cr2S钢的可锻性，锻造加热温度为1100～1150℃，始锻温度为1060℃，终锻温度≤900℃，锻造后，MnS沿锻轧方向延伸成条状。等温球化退火工艺为790～810℃加热2h，然后冷到700℃再保温6～8h，炉冷到550℃出炉，退火硬度≤229HBW，退火组织为细粒状珠光体。

8Cr2S钢的淬火加热温度为860～920℃，油冷淬火、空冷淬火或在240～280℃硝盐中等温淬火都可以，ϕ100mm的钢材空冷淬火可以淬透，淬火硬度为62～64HRC。回火温度可在550～620℃温度范围内选择，回火硬度为40～48HRC。因加有S，预硬硬度为40～48HRC的8Cr2S钢坯，其切削性能与调质到30HRC的碳素钢相近。

五、空冷12钢和Y82钢

空冷12钢属Mn－B系中高碳空冷贝氏体钢。具有良好的淬透性，在热锻或热轧后（终锻轧900℃）空冷自硬化，再经低温回火，获得高强度、高硬度（≥50HRC）的细化B/M复相组织，变形极小，并能保持高的抛光性。生产工艺简单、节能、成本低（因省去了淬火重新加热程序）、模具使用寿命长。

Y82钢属Mn－B－S－Ca系中碳低合金易切削空冷预硬型贝氏体钢。采用少量Mn、B合金化，空冷即可获得B/M复相组织，具有优良的强韧性和淬透性。Y82钢加入适量的易切削元素S和Ca，改善了夹杂物的形态，提高了Y82钢的可加工性和抛光性能，Y82钢可以在预硬转状态下加工成形，并可抛光至镜面。其特性与上述的空冷12钢相似。它在热成形后空冷，再经中温回火，获得硬度约40HRC及良好的强韧性配合。可用于电视机壳等模具。

Y82钢可完全满足预硬型橡塑模具钢的各种要求，适用于制造要求硬度为30～45HRC的高精度橡塑模具。

第五节　整体淬硬型橡塑模具钢

用于压制热固性塑料、复合强化塑料（如尼龙型强化或玻璃纤维强化塑料）产品的模具，以及生产批量很大、要求模具使用寿命很长的塑料模具，一般选用高淬透性的冷作模具钢和热作模具钢材制造。这些材料通过最终热处理，可保证模具在使用状态具有高硬度、高耐磨性和长的使用寿命。用于制造塑料模具的冷作模具钢主要有T10A、9Mn2V、9SiCr、CrWMn、9CrWMn、Cr12、Cr12MoV、Cr12Mo1V1、7CrSiMnMoV、GCr15钢等。

与冷作模具钢比较，热作模具钢的韧度好，淬透性高，回火稳定性高，因此可以进行渗氮，从而大大地提高了模具表面的耐磨性，更适合制造要求高温固化的塑料成型模具。常用于制造塑料模具的热作模具钢有5CrNiMo、5CrMnMo、4Cr5MoSiV、4Cr5MoSiV1、5CrW2Si

钢等。

这类材料由于淬透性高，如4Cr5MoSiV、4Cr5MoSiV1、4Cr5MoSiVS（H11 + S）钢，当钢材截面尺寸小于150mm时，用空冷淬火就可以获得较高的硬度，从而有效地减少模具的热处理变形量，适宜制造复杂、精密的塑料成型模具。

热作模具钢的最终热处理一般采用淬火加高温回火，使基体获得回火屈氏体或回火索氏体组织，以保证钢材具有较高的韧度。

第六节　耐腐蚀型橡塑模具钢

在生产以聚氯乙烯、聚苯乙烯添加阻燃剂为原料的塑料制品时，模具材料必须具有一定的耐蚀性。常用来制作塑料模具的耐蚀钢有3Cr13、4Cr13、9Cr18、Cr18MoV、Cr14Mo、Cr14Mo4V、1Cr17Ni2等不锈钢和马氏体时效不锈钢。

一、高碳高铬型耐蚀钢

常用于制作塑料模具的高碳高铬型耐蚀钢有9Cr18、Cr18MoV、Cr14Mo、Cr14Mo4、PCR、AFC—77、4Cr13、1Cr17Ni2钢等。

高碳高铬耐蚀钢属于莱氏体钢，必须通过锻造使粗大碳化物均匀分布。钢坯的锻造加热温度为1100～1130℃，始锻温度为1050～1080℃，终锻温度为850～900℃。锻后砂冷或灰冷。

为降低锻造后的硬度，改善可加工性，并为淬火作好组织准备，锻后应进行球化退火，退火组织为粒状珠光体和均匀分布的粒状碳化物，退火硬度为179～255HBW。

二、中碳高铬型耐蚀钢——4Cr13

4Cr13属于马氏体不锈钢，严格地讲，只能耐大气和水蒸气腐蚀，在热处理后能获得较高的硬度和耐磨性，可用于制造要求一定耐蚀性的塑料模具。

4Cr13的软化处理，可以采用在750～800℃温度进行高温回火2～6h，也可采用在875～900℃温度保温1～2h，以15～20℃/h的速度冷至低于600℃出炉空冷，退火硬度为170～200HBW。

4Cr13钢的淬火温度一般选择在1040～1060℃，4Cr13钢通常在两种回火状态下使用，当要求高硬度和高耐蚀性时可在200～350℃温度回火；当要求强度、塑性和冲击韧度有最佳配合，且耐蚀性又较高时，则采用650～750℃回火。

三、低碳铬镍型耐蚀钢——1Cr17Ni2

1Cr17Ni2钢属于马氏体型不锈耐酸钢，对于氧化酸类、盐类的水溶液有良好的耐蚀性，1Cr17Ni2钢具有较高的强度和硬度，而且耐蚀性能较4Cr13好，缺点是有脆性倾向，焊接性较差。

1Cr17Ni2钢的淬火温度一般为1000℃，与4Cr13不锈钢一样，也是在淬火后低温回火或高温回火具有最好的耐蚀性。淬火后经250～300℃回火，基体组织为回火马氏体，钢的强度、硬度较高，耐磨性好，而且具有高的耐蚀性。回火温度在600～700℃，钢的基体组织为回火索氏体，具有较好的强度与韧度配合，而且也具有较高的耐蚀性。

四、0Cr16Ni4Cu3Nb（PCR）钢

PCR钢是一种马氏体沉淀硬化不锈钢，因碳含量低，耐腐蚀性和焊接性都优于马氏体型不锈钢，而接近奥氏体不锈钢。PCR钢热处理工艺简单，经1050℃固溶处理后空冷可获

得单一的板条马氏体组织，硬度为32～35HRC，具有良好的可加工性。经460～480℃时效处理后，由于马氏体基体析出富铜相，使强度和硬度进一步提高，达44HRC，同时获得较好的综合力学性能。

PCR钢经时效处理后，工件仅有微量变形，其抛光性能良好，抛光后在300～400℃进行PVD表面离子镀处理，可获得大于1600HV的表面硬度。因此，PCR钢适于制造要求高耐磨、高精度和耐腐蚀的塑料成型模具，如氟塑料、加阻燃剂塑料、聚氯乙烯成型模具。

第七节　时效硬化型橡塑模具钢

对于复杂、精密、高使用寿命的塑料模具，模具材料在使用状态必须有高的综合力学性能，为此，必须采用最终热处理。但是，采用一般的最终热处理工艺，往往导致模具的热处理变形，即模具的精度就很难达到要求。而时效硬化型橡塑模具钢在固溶处理后变软（一般为28～34HRC），可进行切削加工，待冷加工成形后进行时效处理，可获得很高的综合力学性能。时效热处理变形很小，而且这类钢一般具有焊接性能好，以及可以进行渗氮等优点，适用于制造复杂、精密、高使用寿命的橡塑模具。

时效硬化型橡塑模具钢主要包括两种类型，即马氏体时效钢和析出硬化型钢。

一、马氏体时效钢

自1959年马氏体时效钢出现以来，由于这类钢具有高的强度/密度比、良好的可加工性和可焊性，以及简单的热处理工艺等优点，立即受到宇航工业的高度重视，得到了迅速的发展。其中最为典型的钢号是18Ni马氏体时效钢，它们的屈服强度为1400～3500MPa，典型牌号有18Ni（200）、18Ni（250）、18Ni（300）、18Ni（350）、06Ni6CrMoVTiAl等。对于模具而言，所要求钢材具备的性能比宇航工业低，对冶金质量及性能的要求可适当降低，并为此发展了一些低钴、无钴、低镍的马氏体时效钢，如06Ni6CrMoVTiAl钢，从而使钢材的成本大幅度下降。

马氏体时效钢是不同于常规钢种的超高强度钢，它不是由于碳含量而强化的，这种钢是由于很低碳含量的马氏体基体时效硬化时，发生金属间化合物沉淀而强化的，强度与淬透性无关。事实上，碳在马氏体时效钢中是杂质，要控制在尽可能低的范围内。马氏体时效钢在冷却时奥氏体转变为马氏体，在达到Ms温度和形成马氏体以前没有相变。大工件即使很慢冷却也只产生马氏体，而不会出现大尺寸截面淬透性不足的问题。马氏体时效钢的热处理工艺见表4－1。

表4－1　马氏体时效钢的热处理工艺

钢号	热处理	抗拉强度 σ_b/MPa	屈服强度 σ_s/MPa	50mm标距内伸长率 δ_5（%）	断面收缩率 ψ（%）	断裂韧度 α_K/MPa·m$^{1/2}$
18Ni（200）	820℃固溶1h，480℃时效3h	1500	1400	10	60	155～200
18Ni（250）	820℃固溶1h，480℃时效3h	1800	1700	8	55	120
18Ni（300）	820℃固溶1h，480℃时效3h	2050	2000	7	40	80
18Ni（350）	820℃固溶1h，480℃时效2h	2450	2400	6	25	35～50
06Ni6CrMoVTiAl	850℃固溶1h，520℃时效6h					

马氏体时效钢固溶处理后的硬度很低，一般在28HRC左右，可以进行切削加工，而时效的温度较低，对模具表面质量的影响不大。

06Ni6CrMoVTiAl钢，代号06Ni，属低镍马氏体时效钢，价格比18Ni类马氏体时效钢低得多，此钢的突出优点是热处理变形小。经850℃固溶处理1h后硬度为25～28HRC，具有良好的可加工性和抛光性能。06Ni钢固溶处理后，采用的冷却方式不同，对固溶及时效硬度的影响很大。如固溶后空冷，硬度为26～28HRC，油冷硬度为24～25HRC，水冷硬度为22～23HRC。固溶后的冷却速度越快，硬度越低，但时效后的硬度却越高。

时效工艺为500～540℃时效4～8h，一般采用520℃时效6h，硬度为43～48HRC，组织为板条马氏体加析出的强化相Ni_3Al、Ni_3Ti、TiC、TiN，具有良好的综合力学性能和一定的耐蚀性，并可以进行渗氮、镀铬。

06Ni钢已分别应用在化工、仪表、轻工、电器、航空航天和国防工业部门，用以制作光盘盒、照相机、传真打印机等零件的塑料模具，均收到良好的效果。制作的光盘盒塑料模具使用寿命可达200万次以上，产品质量可与进口模具生产的产品相媲美。

二、析出硬化型时效钢

析出硬化型时效钢所含的合金元素（质量分数）比马氏体时效钢少，特别是含镍量少得多。材料也是在固溶处理状态下，硬度为30HRC左右，可以进行切削加工，制成模具后再进行时效处理，使硬度达到40HRC左右，而时效变形量很小，约在0.01%左右，适用于制造高硬度、高强度和高韧度的精密塑料模具，典型钢号有25CrNi3MoAl、10Ni3MnCuAlMo（PMS）、Y20CrNi3AlMnMo（SM2）、P21等。

固溶处理的目的在于得到细小的板条马氏体，以提高钢的强韧性；固溶淬火后的马氏体硬度较高，为降低钢的硬度，需进行高温回火，而高温回火工艺的选择，既要使马氏体充分分解，又要避免NiAl相的脱溶析出。钢材的最终性能是通过时效处理得到的，为了使析出硬化钢在时效过程中脱溶NiAl相而强化，必须在NiAl相脱溶温度范围内进行时效处理。

1. 25CrNi3MoAl钢

25CrNi3MoAl钢为低Ni无Co型Ni－Mo－Al系，析出硬化型马氏体时效钢，适用于制造变形率要求在5%以下、镜面要求高或表面要求光刻花纹的普通及精密塑料模具，经软化处理后，可通过冷挤压成形。

25CrNi3MoAl钢的特点是镍含量低，价格远低于马氏体时效钢，也低于超低碳中合金时效钢。调质硬度为230～250HBW，有良好的切削性能和电加工性能，时效硬度为38～42HRC，时效变形可控制在0.05%范围内。镜面研磨性好，表面粗糙度可达R_a0.2～0.025μm，表面光刻侵蚀性好，光刻花纹清晰。焊接修补性好，时效后焊缝硬度和基体硬度相近。

用作一般精密塑料模具时的热处理工艺为经880℃固溶处理后水淬或空冷，硬度为48～50HRC，再经680℃回火5h，硬度为22～23HRC。加工成形后经540℃时效6h，硬度为39～42HRC，时效变形率约为－0.039%，经研磨或光刻花纹后装配使用。由于析出硬化钢的时效温度范围与渗氮温度范围相当，故时效处理与渗氮处理可以同时进行，提高模具表面的耐磨性和抗咬合能力。

用作高精密塑料模具时，加工工艺基本与上述工艺相同，只是在粗加工和半精加工后，进行一次650℃保温1h的去应力处理，时效变形率仅为-0.01%～-0.02%。

2. 10Ni3MnCuAlMoS（PMS）钢

PMS钢属马氏体析出硬化型镜面塑料模具钢，此钢采用低的碳含量，在热处理时析出NiAl、CuAl、CuNi等弥散的金属间化合物，获得所需的硬度。PMS钢具有良好的锻造性能，锻造加热温度为1130～1160℃，始锻温度1100～1120℃，终锻温度>850℃，锻后灰冷。锻后不必退火，即可进行机械加工。

PMS钢的固溶加热温度为840～900℃，一般选用870℃固溶处理1h后空淬，硬度30～35HRC，具有良好的冷热加工性能，在零件制作成形后，经490～500℃时效处理，硬度在45HRC左右，具有良好的综合性能和镜面加工性能，且变形极小。PMS钢中含有一定量的Al，因此，特别适宜于进行表面渗氮或氮碳共渗处理，处理后的硬度可达1000HV以上，其时效温度与渗氮温度相近，故渗氮时可同时进行时效处理。用于要求有高镜面要求的精密模具，是理想的光学透明塑料制品的成型模具材料。

PMS钢还具有良好的焊接性能，补焊区域硬度为30HRC左右，可以进行机械加工，钢中不含S等易切削元素，补焊时没有SO_2气体逸出，补焊质量优良，为模具补焊修复提供了方便。含碳量在下限时，PMS钢实际上是一种Fe-Ni-Al-Cu合金，可以挤压成形，对于形状复杂的模具，这一优点显得特别重要。

PMS钢表面经机械加工和抛光后，表面粗糙度$R_a \leqslant 0.05\mu m$，抛磨时间较45钢可缩短50%，而表面质量比45钢高1倍。并且表面洁净耐蚀，无针孔斑块缺陷，图案蚀刻性能绝佳。PMS钢表面耐蚀性高，在盐酸溶液中加热沸腾时，有极好的耐蚀性，腐蚀率只有2Cr13钢的1/6～1/8。

3. Y20CrNi3AlMnMo（SM2）钢

SM2钢属含硫系中合金时效硬化易切削预硬钢，它具有良好的综合力学性能和加工工艺性能、优良的镜面抛光性能，可渗氮。用于高精度模具。

SM2钢中加入Al，在时效时可以析出硬化相Ni3Al。加入Cr的主要作用是提高钢的淬透性，因此SM2钢比PMS钢的淬透性稍高，加入S和Mn，可以形成易切削相MnS，因此，SM2钢的可加工性优于PMS钢。

SM2钢的锻造工艺与SM1钢相同，锻后不必退火。SM2钢的固溶加热温度为870～930℃，一般选900℃固溶处理2h后油冷，硬度为42～45HRC，700℃高温回火2h后油冷，硬度为28HRC，具有良好的切削性能，加工成形后经500～520℃时效处理，硬度为40HRC。对于要求型腔表面光洁、精度较高的模具，可在此硬度下进行精加工，抛光表面。SM2钢具有良好的渗氮、氮碳共渗、离子渗氮、氧氮共渗工艺性能。SM2钢已在纱管模、三角尺模、牙刷模、相机模、玩具模、线路板模等方面得到了广泛应用，完全可以取代进口材料。

第八节　其他橡塑模具材料

目前，塑料模具材料仍以钢材为主，但根据塑料的成型工艺条件不同，也可采用低熔点合金、低压铸铝合金、铍铜、锌合金、钢结硬质合金等其他模具材料。

一、非铁合金

（1）铜合金　用作塑料模具材料的铜合金主要是铍青铜，如 ZCuBe2、ZCuBe2.4 等。一般采用铸造方法制模，不仅成本低，周期短，而且还可制出形状复杂的模具。铍青铜可进行固溶-时效处理，在固溶处理后，材料的塑性好，易于切削加工。经时效处理后，硬度可达 40~42HRC。铍青铜可用于制造吹塑模、注射模。福建省二轻工业研究所研制的析出硬化型铜基合金，$w_{Ti}=3.5\%\sim6.0\%$、$w_{Ni}<0.2\%$，经固溶处理后冷压成形，再时效硬化，模具模膛质量好。

（2）铝合金　铝合金的密度小，熔点低，可加工性和导热性能都优于钢，其中铸造铝硅合金还具有优良的铸造性能。因此，用铸造铝合金来制造塑料成型模具，可缩短制模周期，降低制模成本。常用的铸造铝合金有 ZL101、ZL201、ZL301 等，主要用于制造要求高导热率、形状复杂、耐蚀的塑料模具。

（3）锌合金　用于制造塑料模具的锌合金大多为 Zn-4Al-3Cu 共晶型合金，用铸造方法可以加工出光洁而复杂的模具型腔，并可降低制模费用、缩短制模周期。锌合金的不足之处是高温强度较差，且合金易于老化，因此，锌合金塑料模在长期使用后，易出现变形甚至开裂，这类锌合金适合于制造注射模和吹塑模。

河北省二轻工业研究所研制的铸造锌基合金，$w_{Al}=4\%$、$w_{Cu}=3\%$、$w_{Mg}=0.05\%$，制模后可在模具表面直接电镀硬铬，制模周期短、成本低。用于模膛复杂的吹塑、吸塑模具。

二、钢结硬质合金

钢结硬质合金是以钢为粘结相，以碳化钛、碳化钨等碳化物为硬质相，用粉末冶金方法生产的复合材料。其微观组织是细小的硬质相，弥散均匀地分布于钢的基体中。

作为粘结相的钢基体，可以是碳素钢、合金钢等。由于粘结相的钢种不同，赋予钢结硬质合金一系列不同的性能，如高强度、抗冲击、耐磨损、耐高温、耐腐蚀等。我国生产的模具用钢结硬质合金的典型牌号有 GT35、R5、T1、D1、TLMW50、GW50、GJW50，其热处理工艺见表 4-2。

表 4-2　模具用钢结硬质合金的热处理工艺

牌　号	退火温度/℃	退火硬度（HRC）	淬火温度/℃	保温时间/（min/mm）	冷却介质	淬火硬度（HRC）
GT35	790±10	39~46	960~980	0.5	油	69~72
R5	830±10	44~48	960~980	0.6	油或空气	70~73
T1	830±10	44~48	960~980	0.3~0.4	560℃盐浴油冷	72~74
D1	830±10	40~48	960~980	0.6~0.7	560℃盐浴油冷	72~74
TLMW50	810±10	35~40	960~980	0.5~0.7	油	68
GW50	800±10	38~43	960~980	2~3	油	68~72
GJW50	810±10	35~38	960~980	0.5~1.0	油	68~72

三、环氧树脂

利用环氧树脂制作模具的型腔和型芯，可缩短模具生产周期，降低模具成本。用环氧树脂制造塑料注射成型模具，所用材料包括如下几种：

1）环氧树脂：环氧树脂 6207#、环氧树脂 634#、环氧树脂 6101#。

2）填料：金属铝粉、铁粉、钢丝绒。

3）硬化剂：顺丁烯二酸酐、苯均四甲酸酐。

4）促进剂：丙三醇（甘油）。

5）封闭剂：聚乙烯醇。

6）脱模剂：二硫化钼硅油。

7）制模过程中的过渡模材料：特级石膏粉。

四、低熔点合金

利用低熔点合金浇铸吹塑模具的模膛，不仅可以缩短模具的制造周期，节约大量钢材，而且还节省劳力。低合金的种类很多，目前使用较简单的一种是 $w_{Bi}=58\%$、$w_{Sn}=42\%$ 的铋锡合金。熔化与浇注工艺过程如下：

将混合好的铋锡合金料置于熔锅内，然后加热至140℃左右，熔化均匀后即可浇注。浇注后冷却30min即可，最后修正浇注时留下的残痕，以达到要求。采用低熔点合金制造的模具，模温不宜过高，以防塑件粘附在模具上。

当注射件的内型芯弯度较大，而不能采用钢芯来制造时，可采用低熔点合金来制造。注射成型后，塑件随同型芯一起取出，然后再用蒸汽加热法，使塑件中的型芯熔化流出，即可获得塑件。

第九节　橡塑模具材料的选用

一般地说，应根据模具生产和使用条件的要求，结合模具材料的性能和其他因素，来选择适合要求的模具材料。在塑料制品成型模具中，塑料的种类、生产的批量，塑件的复杂程度、尺寸精度和表面粗糙度等质量要求是决定塑料模具用材料的主要因素。

一、塑料模具成型零件材料的选用

由于成型塑料的种类不同，和对塑料制品的尺寸、形状、精度、表面粗糙度等的不同要求，对塑料模具用材料分别提出了耐磨损、耐腐蚀、耐热、耐压、无磁性、微变形和镜面磨削等不同的要求。

1. 成型通用型塑料的模具材料

用于生产聚乙烯、聚丙烯等通用型塑料制品的模具。

1）当生产批量较小，尺寸精度和表面粗糙度无特殊要求，而且模具截面不大时，可以采用碳素钢45钢或低碳钢10、20钢制造。

2）当生产批量较大、模具尺寸较大或形状复杂、精度要求高的工件时，则采用淬透性较高的合金模具钢。

3）当成型对精度和表面粗糙度要求很高的塑料制品时，往往采用经过电渣重熔或真空自耗电极重熔的合金模具钢。

2. 成型增强塑料的模具材料

对于生产添加玻璃纤维等无机增强剂的热塑性塑料注射成型模具和热固性塑料挤压成型模具，为了提高模具型腔表面的耐磨性，这类塑料模具通常采用冷作模具钢制造。

3. 成型腐蚀性塑料的模具材料

对生产聚氯乙烯、氟化塑料或添加阻燃剂的阻燃塑料成型模具，由于在成型过程中模具接触腐蚀性介质，应选用耐蚀性好的塑料模具钢。

4. 成型磁性塑料的模具材料

成型磁性塑料的模具，一般多选用无磁模具材料制造，如 18－8 不锈钢模具经渗氮处理后使用，或采用 Mn13 型耐磨奥氏体钢或无磁模具钢，如 70Mn15Cr4Al3V2WMo 钢等。

5. 成型透明塑料制品的模具

对于成型透明塑料制品的模具，一般选用时效硬化钢制造，如 06Ni、18Ni、PMS、PCR、SM2 等，也可选用预硬钢 SM1、Y82、空冷 12 钢等。塑料模具各种成型零件材料的选用见表4－3。

表 4－3　塑料模具材料的选用

用　途	工作条件及对模具材料的要求	推荐用材料
通用塑料	批量小，精度无特殊要求，模具截面不大	45、40Cr、10、20
	批量较大、模具尺寸较大或形状复杂	12CrNi3、12CrNi4、20Cr、20CrMnMo、20Cr2Ni4、LJ 等，3Cr2Mo、SM1、4Cr3Mo3SiV、5CrNiMo、5CrMnMo、FT、4Cr5MoSiV、4Cr5MoSiV1、4Cr5W2SiV1
	精度和表面粗糙度要求高	3Cr2Mo、4Cr5MoSiV1、8Cr2MnSiWMoVS、Cr12Mo1V1、5NiSCa、25CrNi3MoAl，或 18Ni（250）、18Ni（300）、06Ni6MoTiAlV、PMS、Y82
增强塑料	高硬度、高耐磨性	7CrMn2WMo、7CrMnNiMo、Cr2Mn2SiWMoV、Cr6WV、Cr12、Cr12MoV、Cr12Mo1V1、9Mn2V、CrWMn、MnCrWV、GCr15
腐蚀性塑料	耐蚀性好	4Cr13、9Cr18、Cr18MoV、Cr14Mo4V、1Cr17Ni2、PCR、18Ni、AFC—77
磁性塑料	无磁性	Mn13 型、70Mn15Cr4Al3V2WMo、1Cr18Ni9Ti
透明塑料制品	镜面抛光性能和高的耐磨性	06Ni、18Ni、PMS、PCR、SM2、SM1、Y82、空冷 12

二、塑料模具结构零件材料的选用

对塑料模具结构零件的强度、硬度、耐磨性、耐蚀性等的要求都比成型零件低，所以，一般选用通用材料就能满足使用性能的要求。我国在发展塑料模具辅助零件专用材料方面已有所突破，由华中科技大学研制出塑料模具标准顶杆专用钢——TG2，其化学成分为 w_C = 0.56%、w_{Cr} = 1.4%、w_{Mo} = 0.25%、适量 V、Mn、Si。热处理为整体淬火加中温回火，并可进行表面淬火或渗氮。塑料模具结构零件的常用材料及热处理工艺见表 4－4。

表 4－4　塑料模具结构零件的常用材料及热处理

零件类别	零件名称	材料牌号	热处理工艺	硬　度	说　明
模体零件	支承板 浇口板 锥模套	45	淬火、回火	43～48HRC	
	动、定模板 动、定模座板	45	调质	230～270HBW	
	固定板	45	调质	230～270HBW	
		Q235			

（续）

零件类别	零件名称	材料牌号	热处理工艺	硬　度	说　明
模体零件	推件板	T8A、T10A	淬火、回火	54~58HRC	
		45	调质	230~270HBW	
浇注系统零件	主流道衬套 拉料杆 拉料套 分流锥	T8A、T10A	淬火、回火	50~55HRC	
导向零件	导柱	20	渗碳、淬火	56~60HRC	
	导套	T8A、T10A	淬火、回火	50~55HRC	
	限位导柱 推板导柱 推板导套 导钉	T8A、T10A	淬火、回火	50~55HRC	
抽芯机构零件	斜导柱 滑块 斜滑块	T8A、T10A	淬火、回火	54~58HRC	
	楔形块	T8A、T10A	淬火、回火	54~58HRC	
		45		43~48HRC	
推出机构零件	推杆 推管	T8A、T10A	淬火、回火	54~58HRC	
	推块 复位杆	45	淬火、回火	43~48HRC	
	挡板	45	淬火、回火	43~48HRC	或不淬火
	推杆固定板 卸模杆固定板	45、Q235			
定位零件	圆锥定位件	T10A	淬火、回火	58~62HRC	
	定位圈	45			
	定距螺钉	45	淬火、回火	43~48HRC	
支承零件	支承柱	45	淬火、回火	43~48HRC	
	垫块	45、Q235			
其他零件	手柄	Q235			
	水嘴	45、黄铜			

第十节　橡塑模具材料选用实例

在塑料成型模具中，成型塑料的种类、生产的批量、塑料制品的复杂程度、尺寸精度、表面粗糙度等是影响塑料模具用材料选择的主要因素。

一、塑料光学全反射器模具

塑料光学全反射器可用于汽车、摩托车、自行车的前后及公路、道桥两侧。塑料光学全反射器是采用透光率为92%的PS或PMMA及透光率为90%的PC塑料成型。它是根据棱镜的全反射原理，将许多全反射的三棱角锥单元集合成阵列，在外来光束的照射下，使每个单元的一个面经2次全反射到单元的第3个面，并从第3个面按入射光束的方向返回。这无数个反射单元就按照反射器的面积将入射光反射回去，达到本身没有光源却能显示的目的。

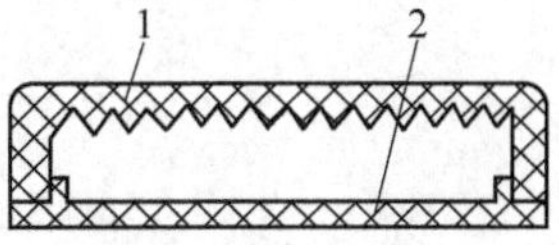

图4-1　单一反射器

1—反光片　2—后盖

反射器的结构如图4-1所示，由反光片和后盖组成。反光片的注射成型模具如图4-2所示。

模具型芯是反射器成型模具的关键零件，要求表面粗糙度 $R_a \leqslant 0.012\mu m$，硬度为26~30HRC；对模具型腔，要求耐磨，经抛光后能达到镜面状态，有一定硬度，且易于切削加工。选用预硬型橡塑模具钢P20制作型芯和型腔，达到了预期的效果。

二、轿车橡胶软垫注射模

图4-3所示为桑塔纳轿车悬置橡胶软垫示意图，产品要求骨架位置准确，尺寸精度高，外观质量好。图4-4所示为生产该产品的注射模结构，该模具在带有外顶出机构的橡胶注射成型机上生产。模具设计成一模四腔，由于骨架Ⅱ需在动模座板复位后才能正确定位，而该模具结构本身无复位机构，为此需在机床顶出机构的顶出托架上安装复位压板6，使顶出机构回位时，复位压板下压动模座板而复位。型腔板和型芯都采用SM1钢。

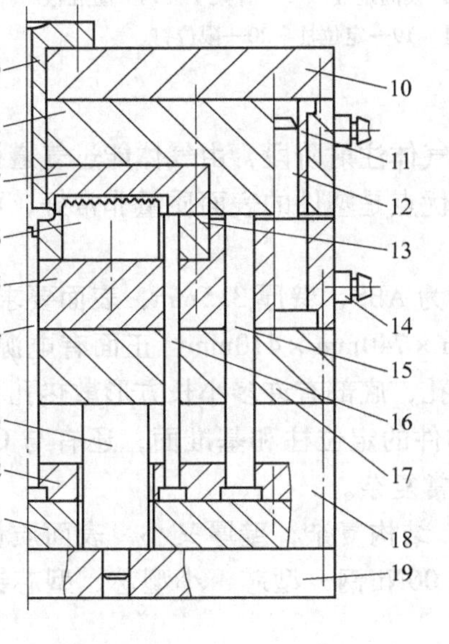

图4-2　反光片模具结构

1—卸料垫板　2—卸料板　3—支柱　4—拉钩　5—动模板　6—型芯　7—型腔板　8—定模板　9—浇口套　10—盖板　11—导套　12—导柱　13—型芯固定板　14—水嘴　15—复位杆　16—顶杆　17—垫板　18—垫块　19—底板

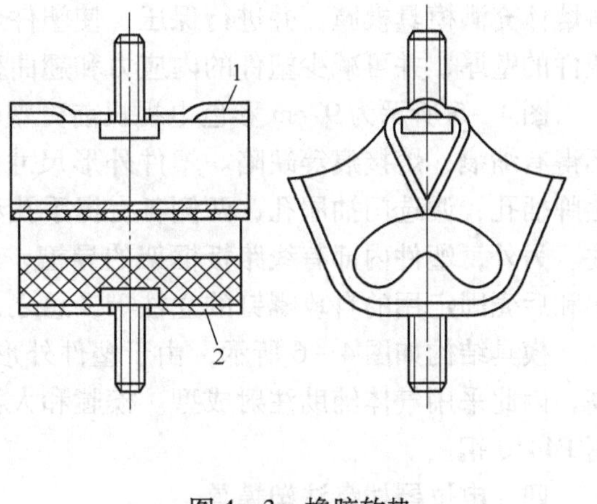

图4-3　橡胶软垫

1—骨架Ⅰ　2—骨架Ⅱ

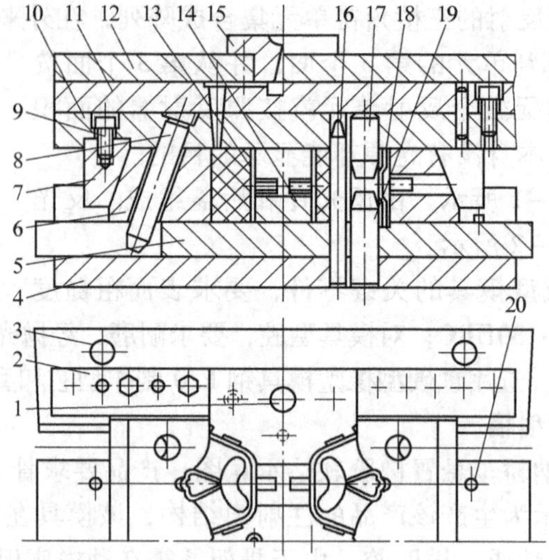

图 4-4　橡胶软垫注射模结构

1—导柱　2—导向块　3—限位柱　4—动模固定板　5—动模座板　6—滑块　7—斜楔　8—斜导柱　9—螺钉　10—推流道板　11—流道板　12—定模固定板　13—骨架Ⅰ　14—型腔板　15—浇口套　16—型芯　17—堵塞　18—骨架Ⅱ　19—定位柱　20—限位钉

三、97cm 彩电前壳气体辅助注射模

气体辅助成型与传统的注射成型相比，多了一个气体注射阶段，由气体能过气道推动塑料熔体充满模具模膛，并进行保压，使塑件成型。其优点是塑件的表面质量非常好，可减小塑件的壁厚，并可减少塑件的内应力和翘曲变形。

图 4-5 所示为 97cm 彩色电视机前壳塑件，材料为 ABS，壁厚 3.5mm，表面要求光亮，不得有缩痕、熔接痕等缺陷。塑件外形尺寸为 860mm×740mm×410mm，正面有电源按钮，铭牌插孔，调选门抽屉孔；两侧各有提手孔和音箱挂孔，底部有许多小长方形散热孔和支承柱。另外，塑件内部有线路板框架的导槽，许多结构件的定位柱和基准面，还有与 CRT 支架和后壳固定用的自攻螺钉的立柱等，总之，塑件非常复杂。

模具结构如图 4-6 所示，由于塑件外形尺寸大，结构复杂，壁厚又小，表面质量要求高，因此采用气体辅助注射成型。模膛和大滑块采用 06Ni 钢，型芯、小型芯、型芯镶件采用 P4410 钢。

四、电位器拨盘注塑模具

拨盘注射模具，形状复杂，周围细齿密布如图 4-7 所示，而且外观要求高，凸模、凹模都采用 0Cr4NiMoV 钢制造。

0Cr4NiMoV 钢模具，经 880℃加热保温 2h，随炉缓冷至 650℃，出炉空冷处理后，硬度为 107HBW，变形抗力小，塑性好，可顺利进行冷挤压成形，齿尖细微部分的形状清晰，模膛表面光洁，不用进一步抛光即可装模使用，获得了满意的使用效果。

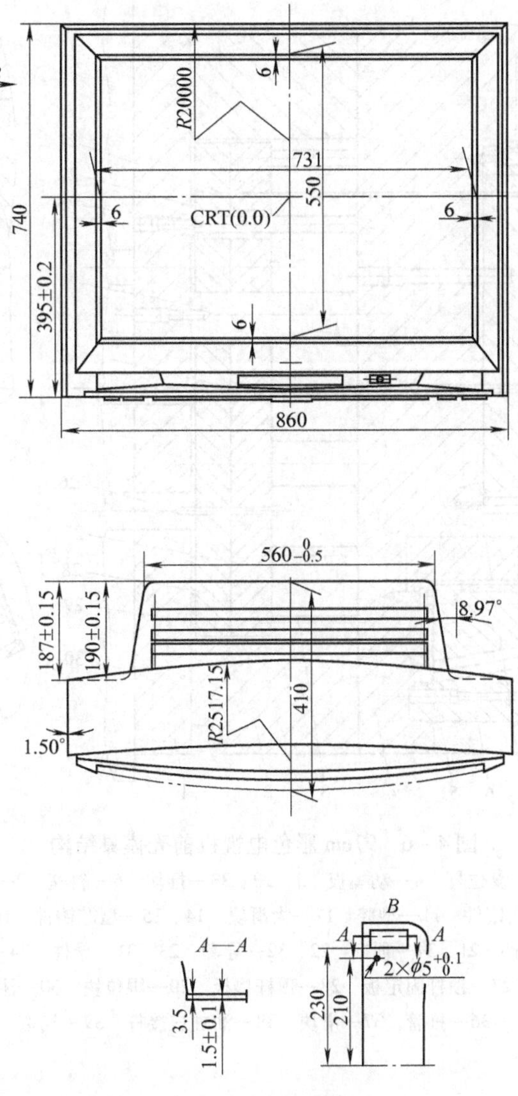

图 4-5　97cm 彩色电视机前壳塑件

五、精密密封橡皮模

精密密封橡皮模，要求尺寸精确，加工工艺性能和抛光性能好，热处理变形小，并且具有高的硬度、耐磨性和强韧性。

这类模具常用 45 钢制造，在调质 28～32HRC 和镀铬状态下使用，因硬度低、易磨损，模膛易出现凹坑、麻点、变形等缺陷，橡胶制品的外观质量差，选用 5CrNiMnMoVSCa 钢制造密封橡皮模，在加工工艺和使用寿命方面均获得了满意的效果。

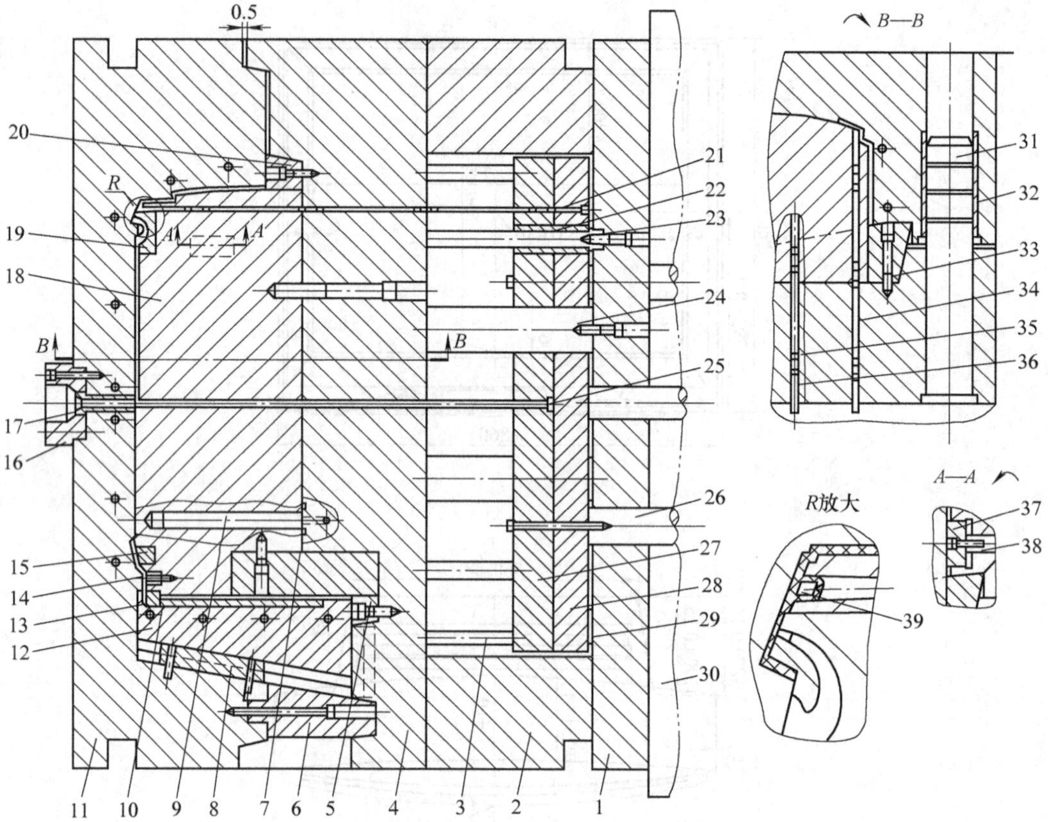

图 4-6　97cm 彩色电视机前壳模具结构

1—底板　2—垫块　3—复位杆　4—动模板　5、20、33—推块　6—斜楔　7—密封圈　8—T 型块　9—水道隔板　10、13—滑块镶件　11—型腔　12—大滑块　14、15—型芯镶件　16—定位圈　17—浇口套　18—型芯　19—浇道镶件　21、34—顶杆　22、32—导套　23、31—导柱　24—支承柱　25—拉料杆　26—注塑机顶杆　27—顶杆固定板　28—顶杆垫板　29—限位块　30—注射机　35—小型芯　36—推管　37—滑块　38—油缸连接杆　39—气道

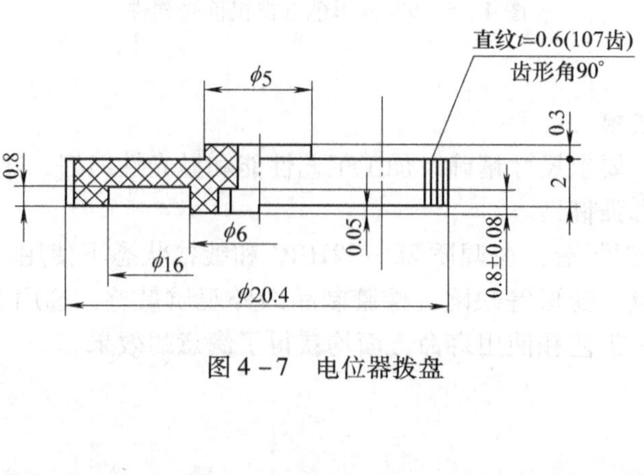

图 4-7　电位器拨盘

思考与练习

1. 试简述塑料成型模具的服役条件和主要失效形式。
2. 哪些橡塑模具材料具有较好的镜面加工性能？
3. 介绍现有橡塑模具材料的主要类型，并列出其代表性材料的牌号。
4. 我国现有哪些预硬型橡塑模具钢？举例说明预硬型橡塑模具钢的应用效果。
5. 简述 P20 钢的性能特点和应用场合。
6. 简述 PCR 钢的性能特点和应用场合。
7. 生产透明塑料制品的模具应选择什么样的材料？
8. 时效硬化型橡塑模具钢有哪些性能特点？
9. 举例说明渗碳型橡塑模具钢的性能特点。
10. 试比较 06Ni 钢和 18Ni 钢的异同点。
11. 70Mn15 钢具有哪些性能特点？主要适用于生产哪些塑料件？
12. 简述 PMS 钢的性能特点和应用场合。

第五章　其他模具材料

除前面介绍的冷作模具材料、热作模具材料、橡塑模具材料外，还有其他类型的模具材料，常见的有玻璃模具材料和陶瓷模具材料，现分别作简单介绍。

第一节　玻璃模具材料

玻璃模具的工作条件十分恶劣，它要承受很大的压力和很高的温度，因此要求模具材料的强度高、热变形小、耐热性好，通常采用耐热合金钢，如 3Cr2W8、5CrNiMo 以及合金铸铁等。

一、对模具材料的性能要求

玻璃模具材料要求：①良好的耐热性和耐氧化性；②材质致密，硬度适当，加工性能好；③热膨胀系数小，变形小；④良好的导热性能和耐热疲劳性能。

国外玻璃模具材料主要为耐热铸铁、合金结构钢或合金工具钢，再经表面强化处理，模具使用寿命高达 40 ~ 50 万次。国内普通采用灰铸铁，使用寿命一般为 7 ~ 12 万次，与国外差距较大。近年来，我国研制了多种新型玻璃模具材料，模具使用寿命普遍提高。表 5 - 1 为国内外部分工厂采用的铸铁玻璃模具的化学成分及金相组织。

表 5 - 1　国内外部分工厂采用的铸铁玻璃模具的化学成分及金相组织

使用单位	化学成分（%）											热处理	金相组织	
	w_C	w_{Si}	w_{Mn}	w_S	w_P	w_{Ni}	w_{Cr}	w_{Mo}	w_{Cu}	w_{Ti}	w_{Sn}		石墨	基体
捷克某厂	3.3 ~ 3.6	1.9	0.6	9.13	0.07	1.35	06	—	—	—	—	退火	片状	铁素体
日本某厂	3.0 ~ 3.4	<1.0	0.4 ~ 0.7	<0.08	<0.1	—	—	—	—	—	—	退火	蠕虫状	铁素体
英国某厂	3.3 ~ 3.5	2.2 ~ 2.5	0.6 ~ 0.8	<0.12	<0.1	1.5	0.5	—	—	0.08 ~ 1.0	—	退火	片状	铁素体
北京玻璃二厂	2.9 ~ 3.2	4.0 ~ 4.4	0.4 ~ 0.7	<0.03	<0.08	—	0.49	0.06	1.0	—	—	退火	球状	铁素体
上海玻璃铸造厂	3.2 ~ 3.4	2.2 ~ 2.4	0.5 ~ 0.8	<0.15	<0.2	—	0.3 ~ 0.4	—	1.0 ~ 1.2	—	—	退火	片状	珠光体
广州玻璃模具厂	2.9 ~ 3.2	2.0 ~ 2.2	0.6 ~ 0.9	<0.25	<0.12	—	—	—	—	—	—	退火	片状	珠光体
南通轻工机械厂	3.0 ~ 3.2	1.9 ~ 2.1	0.9 ~ 1.2	<0.12	<0.25	—	—	—	—	—	0.06	退火	片状	珠光体
沈阳玻璃模具厂	3.0 ~ 3.2	1.8 ~ 2.2	0.5 ~ 0.7	0.02 ~ 0.03	<0.1	—	—	—	—	—	—	退火	片状	珠光体

二、显像管玻壳模具材料

显像管玻壳模具是显像管玻壳生产的主要工具，其质量和使用寿命直接影响着玻壳，乃至显像管的生产质量、使用寿命和生产成本。国外大多采用耐热不锈钢制造玻壳模具，并在表面镀铬以提高表面质量，延长模具的使用寿命。国内曾采用陶瓷型精铸铸铁或不锈钢制作显像管玻壳模具。

1. 玻壳模具的工作条件

显像管玻璃中含有 Si、Al、Li、Na、F 等，使模具经受严重的腐蚀。玻璃熔化温度为 1300~1400℃，当滴料或人工挑料到压模中时，玻璃熔液的温度仍有 1060℃，压制后的玻壳温度为 800℃左右，此时模具表面温度可达 600~700℃。模具在高温下易发生氧化和变形，在高温作用下，金属模具发生不可逆的体积长大，导致玻壳粘模。玻壳脱模后，对模具进行吹风冷却，模具的表面温度迅速降到 420~450℃，温度的周期变化，使玻壳模具始终在急冷急热状态下工作，交变热应力的作用，导致模具热疲劳破坏。

2. 对玻壳模具材料的性能要求

玻壳模具材料的性能要求：①在 600~700℃，具有足够的强度、韧性和耐氧化稳定性；②具有良好的抗生长能力、高的粘附温度和耐玻璃熔盐腐蚀性；③具有良好的耐磨性和耐热性；④具有高的导热性能和小的线膨胀系数。

3. 模具材料选用

国外大多采用含铬的马氏体不锈钢和含铬镍的奥氏体耐热钢制造，为了提高玻壳模具的使用寿命，一般还在模具表面进行镀铬或扩散镀铬处理。为简化制模工艺，国外也开始研制不需镀铬处理的耐热合金钢。

国内也多选用不锈钢，如 1Cr18Ni9Ti、Cr25Ni20Si2、1Cr13、3Cr13、4Cr13、4Cr13Ni、1Cr17、1Cr17Ni2 以及热作模具钢 3Cr2W8V、3Cr3Mo3V、3Cr3Mo3Co3V 等材料，在实际生产中大多采用含铬马氏体不锈钢制作玻壳模具。

三、玻璃瓶模具材料

（1）灰铸铁　制造玻璃瓶成型模具的最常用材料为 HT200，但由于 HT200 的耐热性较差，即高温耐氧化性和高温抗生长的能力差，常因氧化剥落、磨损、变形而失效。

为了提高模具的使用寿命，在铸铁中加入 Cu、Cr、Sn 等元素，促进珠光体的形成，提高模具的抗磨损能力。加入 Si、Al 等元素，形成致密的 SiO_2 和 Al_2O_3 氧化膜，从而提高模具表面的耐氧化能力。几种铸铁的化学成分及模具的使用寿命分别见表 5-2 和表 5-3。

表 5-2　几种铸铁的化学成分

材料	化学成分（%）											金相组织		
	w_C	w_{Si}	w_{Mn}	w_S	w_P	w_{Sn}	w_{Cu}	w_{Cr}	w_{Al}	w_{Mo}	w_{Re}	基体	石墨	保护膜
低锡铸铁	3.0~3.2	1.8~2.2	0.55~0.71	0.024	<0.1	0.08						P98%	A 型	
铜铬铸铁	3.0~3.2	1.8~2.2	0.55~0.71	0.024	<0.1		1.0	0.65				P90%	A 型	
中硅稀土	3.0~3.2	4.17	0.55~0.71	0.024	<0.1						0.6	F	蠕状	SiO_2
中硅钼稀土	3.0~3.2	4.23	0.55~0.71	0.024	0.1					1.0	0.6	F	细片	SiO_2
低锡蠕铁	3.0~3.2	1.8~2.2	0.55~0.71	0.024	0.1	0.08					0.6	P75%	蠕状	
低铝蠕铁	3.0~3.2	1.8~2.2	0.55~0.71	0.024	0.1				2.5		0.6	P20%	蠕状	Al_2O_3

表 5-3　玻璃瓶模具的使用寿命

材料	一次性连续使用寿命		提高倍数	失效形式
	工作时间/h	制瓶个数/模		
HT200	48	20000		氧化
低锡铸铁	192	83000	3.15	氧化
铜铬铸铁	96	41000	1.02	氧化
中硅稀土	76	33000	0.65	变形
中硅钼稀土	195	84000	3.20	变形
低锡蠕铁	260	110000	4.50	正常
低铝蠕铁	235	102000	4.10	正常

（2）低锡蠕墨铸铁　石墨形状对铸铁性能的影响很大，片状石墨的耐氧化、抗生长能力较差，而球状石墨的导热性较差，因此，采用蠕虫状石墨铸铁制造模具是理想的选择。低铝蠕铁的熔炼及铸造工艺较为复杂，所含珠光体量也很少，对耐磨性不利，因此，以低锡蠕铁制作模具较为合适。

（3）SMRI—86 型合金铸铁　SMRI—86 型合金铸铁经 1320～1340℃浇注成型，铸态硬度为 240～250HBW，经 660℃×8h 时效处理，硬度为 204～216HBW。耐氧化性、抗生长及耐热疲劳性能均优于灰铸铁，使用寿命比灰铁高 1～2 倍。SMRI—86 型铸铁的化学成分见表 5-4。

表 5-4　SMRI—86 型合金铸铁的化学成分（%）

w_C	w_{Si}	w_{Mn}	w_S	w_P
3.27	1.92	0.68	0.049	0.078

（4）铜基合金　主要是铝青铜，$w_{Al}=9.5\%\sim10.5\%$，适当加入镍、铬、锌等元素，主要用于高质、高速成型模具。

（5）耐热合金　耐热合金主要有 3G13、4G13 等，一般尽量选用镍含量较低的合金，避免导热性太差，主要用于压制模具。

四、玻璃模具的表面强化工艺

玻璃模具的模膛温度可达 600～800℃，模具的合模面容易发生变形，使玻璃瓶的合缝线粗大，因此，模具的合缝线部位需进行强化。强化方法主要有火焰加热表面淬火、接触电阻加热表面淬火、等离子喷涂、高频加热表面淬火和激光加热表面淬火等。

第二节　陶瓷模具材料

陶瓷成型模具的形式多样，按模具材料分类，有石膏模具、无机材料多孔模、金属模、有机弹性模等；按用途分类，有注浆模具、旋压和滚压模具、挤压模具、塑压模具、干压模具和等静压模具等。在以上所有模具中，石膏模具应用最为广泛。

一、石膏

石膏是一种结晶矿物，其化学分子式为 $CaSO_4\cdot2H_2O$。在广义上，石膏是指各种晶型的硫酸钙统称，或者说，石膏是硫酸钙及其各种水化物的统称。石膏的来源有两种，一是天然石膏，世界著名的天然石膏矿有墨西哥石膏和我国湖北应城石膏。天然石膏按其中硫酸钙的水化程度和含量，可分为硬石膏（$CaSO_4$）、二水石膏（$CaSO_4 \cdot 2H_2O$）和混合石膏。二是化学石膏，即化学工业的副产品，如硫酸盐工业、氢氟酸工业、染料工业、草酸工业、海水制盐工业和废水处理等的副产品——硫酸钙及其水化物。

石膏模是陶瓷生产中广泛采用的多孔模具，它的气孔率为30%～50%，气孔直径大部分在1～6μm。制模用的石膏粉是半水石膏，制备好的半水石膏不能露天或长期存放，否则吸湿又变成二水石膏从而失去胶凝性，但也不宜使用刚制备好的石膏粉，因为这时它的反应力极强，注模时容易产生较多的气泡。一般存放2～8天后使用较好。

二、新型多孔模具材料

随着高压注浆，高温快速干燥及机械化、自动化生产的不断发展，石膏模在很多情况下已不能满足生产的要求。与此同时，各种新型的多孔模具应运而生。这些新型多孔模具具有类似石膏模的吸水性能，而强度和耐热能力则较石膏模高得多。

（1）多孔塑料模　多孔塑料模是采用热塑性树脂，如聚氯乙烯、聚四氟乙烯、聚氨基甲酸脂等为主体原料，通过振动在金属模具中成型，然后把金属模与塑料坯一起放在150～350℃的电炉中加热2～2.5h，冷却后即得到塑料模具。

多孔塑料模具有微孔结构，表面光滑，力学性能高，耐磨性好，耐化学腐蚀。吸水率可达40%～50%，气孔率30%～36%，使用寿命可达4000余次，但这种模样的吸水速度较慢，一般用于可塑制成型和高压注浆成型。此外，模样的使用温度也比较低，开始变形温度为80℃。

（2）无机填料模　无机填料模是采用热固性树脂加一定颗粒度的无机填料，成型后加热固化而成。常用的无机填料有石英砂、素陶粉、长石粉、珍珠岩等。常用的热固性树脂有酚醛树脂、密胺树脂及尿素树脂等。

将无机填料与有机合成树脂按一定比例均匀混合，经冷压成形后加热固化。加热固化时，合成树脂放出气体，形成气孔，获得毛细管状的结构。这种无机填料模样的特点是具有石膏模的吸水性能，而强度比石膏模约高100倍，使用寿命1500～2000次。

（3）素陶模　采用一种或几种高岭土或陶瓷素烧粉为主体原料，添加少量粘合剂如聚氯乙烯树脂或酚醛树脂，以木炭粉或煤粉作为气孔形成剂。经配料、粉碎、半干压成形，在800℃左右进行素烧。素坯经修坯后在1100℃烧成多孔性素陶模。这种模样的特点是强度和耐热能力较高。可在300～500℃下使用。吸水率35%～38%，气孔率42%～45%，抗压强度78.0MPa。它的缺点是，经高温烧成后制得的模样，尺寸的一致性差，甚至发生变形，而且整体又较重，目前仍处于试验阶段。

（4）多孔金属模　利用金属填料和热固性树脂制成金属填料模样，除具有无机填料模样的优点外，还具有导热、导电性能优良的特点。常用的金属填料有铝粉和铜粉。热固性树脂与无机填料模样所用的相同。

三、压制成形用金属模

压制成形模具是一种用于装填粉料并在其封闭的空间内完成坯体成形的装置。其封闭的空间称之为模膛，它决定着产品的形状，它的体积必须是可变的，且其内的气体能够排出。按模具在成形过程中体积的变化，模具可分为硬模（即金属加工的上模、下模和模框）和软模（即橡胶或树脂加工的背纹）。压制成形模具在使用中具有以下特点：

1）同一模具可重复使用，故模具必须具有良好的品质。

2）成形的频率高，要求模具的使用寿命较长。一般频率为8～22次/min，模具使用寿命必须在10万次以上。

3）要反复承受较大的压制力，一般在250～600MPa。

四、挤压成形用模具

挤压成形用模具固定在挤坯机的机嘴口，模具主要由机头喇叭口和定形框组成，机头和定形框用金属材料制造，对于成形空心制品的挤压模具，还有模芯，模芯可用金属材料制成，也可用坚硬的木料（如楠木）制作。

五、等静压成形模具

弹性模具主要用于冷静压成形。要求模具能均匀伸长和展开，比较柔软，不易撕裂，能长期耐液体介质的作用。制作这种模具常用的材料为橡胶，如耐油的氯丁橡胶、硅橡胶等。由于橡胶的成本较高，在高压下易变形，近年来逐渐采用树脂材料。配制树脂模具所用原料有下列几种：

1）树脂，如聚氨基甲酸酯、聚氯乙烯等。

2）增塑剂，如苯二甲酸二辛酯、已二酸二辛酯等。

3）稳定剂，如铅丹、三盐基硫酸铅、硬脂酸钙、硬脂酸钡等。

4）填充剂，如碳酸钙、白粘土、硅藻土和滑石粉等。

思考与练习

1. 显像管玻壳成型模具对模具材料有哪些特殊要求？
2. 常用于制作玻璃瓶模具的材料有哪些？
3. 可用于制造陶瓷成型模具的材料有哪些类型？

第六章　模具表面工程技术

表面工程技术可以大幅度地提高模具的表面性能，成倍地延长使用寿命，取得事半功倍的效果。近些年来，有许多新的科学技术渗透到表面强化技术领域，使金属的表面强化技术得到迅速的发展，由此开发出来的表面强化技术构成了目前材料表面技术的主流。

热喷涂技术作为一种新的表面防护和表面强化工艺在近些年得到了迅速的发展，由早期制备一般的装饰性和防护性涂层发展到制备各种功能性涂层，热喷涂技术已经成为金属表面工程领域中一个十分活跃的领域。

一些历史悠久的表面工程技术，近年来也得到了飞速的发展。例如，电镀技术已由单一的金属镀发展到镀各种合金，尤其是局部电镀技术——电刷镀，已经成为人们公认的金属表面工程新技术，在我国已得到普遍应用。

第一节　表面工程技术的分类

表面工程技术目前还没有统一的分类方法，但一般均认为表面工程技术包括表面涂镀技术、表面扩渗技术和表面处理技术三个领域。表面涂镀技术是将液态涂料涂敷在材料表面，或者是将镀料原子沉积在材料表面，从而获得晶体结构、化学成分和性能有别于基体材料的涂层或镀层，此类技术有热浸镀、有机涂装、热喷涂、电镀、化学镀和气相沉积等；表面扩渗技术是将原子渗入（或离子注入）基体材料的表面，改变基体表面的化学成分，从而达到改变其性能的目的，它主要包括化学热处理、阳极氧化、表面合金化和离子注入等；表面处理技术是通过加热或机械处理，在不改变材料表层化学成分的情况下，使其结构发生变化，从而改变其性能，常用的表面处理技术包括表面淬火、激光重熔和喷丸等。可见，表面工程技术远远超出了最初的化学热处理、电镀等范畴。

1. 按工艺特点分

（1）电镀　包括合金电镀、复合电镀、电刷镀、非晶态电镀、非金属电镀等。

（2）涂装　包括特殊用途及特殊类型的新涂料及新的涂装工艺。

（3）堆焊　包括自动埋弧堆焊、振动电弧堆焊、自动 CO_2 气体保护堆焊、等离子弧堆焊等。

（4）热喷涂　包括火焰丝材喷涂、电弧喷涂、等离子弧喷涂及爆炸喷涂等。

（5）热渗镀　分固体渗、液体渗、气体渗和等离子渗。其中液体渗中包含一种覆层和渗镀结合在一起的技术，称为热浸镀。热浸镀只用于低熔点金属或合金。

（6）化学转化膜　包括阳极氧化、化学氧化、磷酸盐膜、铬酸盐膜和草酸盐膜等。

（7）彩色金属　包括电化学着色、化学着色及染料染色。

（8）气相沉积　分为化学气相沉积和物理气相沉积。

（9）三束改性　包括离子束技术、电子束技术和激光束技术 。

2. 按学科特点分

除按工艺特点进行分类外，还可以按学科特点将表面技术大致划分为以下三个方面：

（1）表面合金化技术　包括喷焊、堆焊、离子注入、激光熔敷、热渗镀等。

（2）表面覆盖与覆膜技术　包括热喷镀、电镀、化学转化处理、化学镀、气相沉积、涂装、堆焊、金属染色、热浸镀等。

（3）表面组织转化技术　包括激光、电子束热处理及喷丸、液压等表面硬化技术。

必须指出，许多金属表面新技术往往都不同程度地包含有上述两个或三个方面，如热浸镀技术、堆焊技术、喷焊技术等，所得的表面从表层看是覆盖，但覆盖与基体的交界处是典型的冶金结合即合金化问题，当然也伴有组织的改变。因此，很难确切地进行分类。

第二节　模具的表面化学热处理技术

化学热处理是指将钢件置于一定的活性介质中保温，使一种或几种元素渗入它的表层，以改变其化学成分、组织和性能的热处理工艺。化学热处理的种类很多，一般都以渗入的元素来命名，常用的化学热处理方法有渗碳、渗氮、碳氮共渗、渗硫、硫氮共渗、渗硼、硼氮共渗、渗铝、渗铬、渗钒、渗硅、渗锌、盐浴渗金属等。

一、渗碳技术

渗碳是把钢件置于渗碳介质中，加热到 850 ~950℃奥氏体单相区，保温一定时间，使碳原子渗入钢件表面的化学热处理工艺。工件经渗碳后其表面强度和耐磨性大大提高，同时由于心部和表面的碳含量不同，硬化后的表面获得有利的残留压应力，从而进一步提高渗碳工件的弯曲疲劳强度和接触疲劳强度。根据渗碳介质的物理状态不同，渗碳方法可分为固体渗碳、液体渗碳、气体渗碳、真空渗碳和离子渗碳等。

1. 固体渗碳

固体渗碳是将工件置于填满木炭和碳酸钡的密封箱内进行的，其中木炭是渗碳剂，碳酸钡是催渗剂。渗碳温度一般为 900 ~950℃，在此高温下木炭与空隙中的氧气反应，形成 CO，CO 在工件表面分解得到活性碳原子［C］，［C］即可渗入工件表面形成渗碳层。

2. 气体渗碳

气体渗碳采用液体或气体碳氢化合物作为渗碳剂。国内应用最广的气体渗碳方法是滴注式气体渗碳，将工件置于密封的加热炉中，滴入煤油、丙酮、甲苯及甲醇等有机液体，这些渗碳剂在炉中形成含 H_2、CH_4、CO 和少量 CO_2 的渗碳气氛，使钢件在高温下与气体介质发生渗碳反应。气体渗碳炉分周期式气体渗碳炉和连续式气体渗碳炉两大类。图 6 - 1 所示为在井式气体渗碳炉中，直接滴入煤油进行气体渗碳的示意图。工件经渗碳后必须进行淬火，才能得到高硬度、高耐磨的工件。渗碳主要用于要求承受很大冲击载荷、高的强度，使用硬度为 58 ~62HRC 的小型模具。

3. 真空渗碳

真空渗碳是一个不平衡的增碳扩散型渗碳工艺，被处理的工件在真空中加热奥氏体化，并在渗碳气氛中渗碳，然后扩散、淬火。与气体渗碳相比，真空渗碳的温度高，渗碳时间可显著地缩短，渗碳前是在真空状态下加热，钢材表面很干净，非常有利于碳原子的吸附和扩散。

4. 碳稀土共渗

在气体渗碳过程中，用煤油加稀土作为滴剂，就可实现碳稀土共渗。在完全相同的渗碳条件下，20CrMnTi钢零件要求渗碳层深度为1.6mm，920℃渗碳时，不加稀土渗碳需6.5~7.5h，加入稀土渗碳仅需5.5~6h；800℃渗碳时，不加稀土需9~10h，加稀土后只需7~7.5h，可见稀土的催渗效果显著。

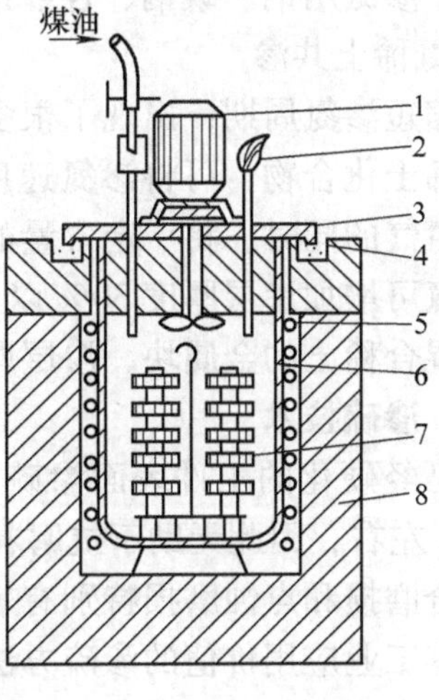

图6-1　井式气体渗碳炉

1—风扇电动机　2—废气火焰　3—炉盖　4—砂封　5—电阻丝　6—耐热罐　7—工件　8—炉体

二、渗氮技术

渗氮是向钢件的表面渗入氮原子以提高表层氮浓度的热处理过程。渗氮的目的是提高工件的表面硬度、耐磨性、疲劳强度及耐蚀性。为了获得较好的渗氮效果，必须选择含有铝、铬和钼元素的钢材。常用的渗氮钢有38CrMoAlA、Cr12、Cr12MoV、3Cr2W8V、5CrNiMo、5CrMnMo、4Cr5MoSiV等。模具在渗氮前一般要进行调质处理，为不影响模具的整体性能，渗氮温度一般不超过调质处理的回火温度，一般为500~570℃。

1. 气体渗氮

气体渗氮通常是在井式炉内进行，它是把已除油净化了的工件放在密封的炉内加热，并通入氨气。氨气在380℃以上就能分解出活性氮原子，活性氮原子被钢表面吸收，形成固溶体和氮化物，氮原子逐渐向里扩散，从而获得一定深度的渗氮层。常用的气体渗氮温度为550~570℃，渗氮时间取决于所需的渗氮层深度。一般渗氮层深度为0.4~0.6mm，其渗氮时间约需40~70h，故气体渗氮的生产周期很长。

常规气体渗氮周期长，生产率低，费用高，对材料要求严格，因而在应用上受到一定的限制。长期以来，人们在不断探索新的渗氮方法，有许多新工艺日趋成熟，正在生产中被广泛采用，如离子渗氮、真空渗氮等。

2. 离子渗氮

离子渗氮是在一定的真空度下，利用工件（阴极）和阳极之间产生的辉光放电现象进行的，所以又叫辉光离子渗氮。将工件置于离子渗氮炉（图6-2）中，以工件为阴极，以炉壁为阳极，通入400~750V的直流电，氨气被电离成氮和氢的正离子及电子，这时工件表面形成一层辉光。具有高能量的氮离子以很大速度轰击工件表面，由动能转变为热能，使工件表面温度升高到450~650℃；同时氮离子在阴极上获得电子后，还原成氮原子而渗入工件表面，并向内扩散形成渗氮层。

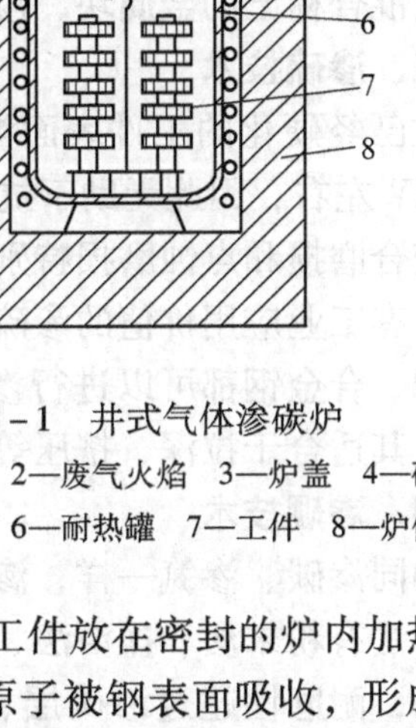

图6-2　离子渗氮炉

1—密封橡皮　2—阴极　3—工件　4—观察孔　5—真空室外壳　6—阳极

离子渗氮的特点是：①渗氮速度快，生产周期短。以38CrMoAlA钢为例，要求渗氮层深度为0.5~0.7mm，硬度大于900HV时，气体渗氮需

50h 以上，而离子渗氮只需 15 ~ 20h。②渗氮层质量高。由于离子渗氮的阴极溅射有抑制形成脆性层的作用，所以明显提高了渗氮层的韧性和疲劳极限。③工件变形小。④对材料的适应性强，渗氮用钢、碳钢、合金钢和铸铁等都可以进行离子渗氮。

3. 氮稀土共渗

为缩短渗氮周期，出现了很多新的工艺方法，其中之一是氮稀土共渗。在原工艺的基础上加入稀土化合物，可将渗氮速度提高 30% ~ 40%。在 38CrMoAlA 钢进行离子渗氮时，若在通入氮气的同时，将一定含量的稀土元素注入炉内，经同样的渗入时间后，用稀土催渗的离子渗氮可增加渗层厚度 30% 以上。在 7Cr7Mo3V2Si 钢进行离子渗氮时，若在阴、阳极同时挂放混合稀土的金属块，渗层厚度可增加 65%。

三、渗硫技术

在已经硬化的工件表面渗硫，可形成 5 ~ 15μm 厚的渗硫层。渗层很薄，硬度也不高，约 70HV 左右，因此无助于抗磨粒磨损，但有较大的减摩作用，能减少咬合、擦伤和磨损，对抗咬合磨损和点蚀磨损特别有效。

具有工业应用价值的渗硫方法有低温电解渗硫、离子渗硫、气体渗硫等。用于制造模具的碳钢、合金钢都可以进行渗硫处理，渗层具有良好的减摩作用，提高了模具的抗咬合能力，尤其适合于拉深、挤压等模具。

四、渗硼技术

如同渗碳、渗氮一样，渗硼也是通过其化合物在高温向金属扩散而形成渗层的。常用的渗硼方法有粉末法、盐浴法、气体法、膏剂法和流体床法等。渗硼层具有下列优异性能：①硬度高，耐磨性超过渗碳层、渗氮层。FeB 层的硬度为 1700 ~ 2000HV，Fe_2B 层的硬度为 1200 ~ 1500HV，合金钢渗硼层硬度可达 3000HV 以上。②热硬性高。加热到 600 ~ 800℃，硬度不会明显降低。③耐蚀性好。在酸（硝酸除外）、碱、盐中都有较好的耐蚀性。

1. 粉末渗硼

将钢件埋入粉末渗硼剂中并装于容器内，然后在空气或保护性气氛中加热到 800 ~ 1050℃，并保温 1 ~ 5h 后随炉冷却，就可达到渗硼的目的。对大型工件局部渗硼时，在需要渗硼处理的部位涂上渗硼剂。

固体渗硼剂由供硼剂、活化剂和填充剂以一定比例组成。供硼剂常用 B_4C、Fe - B 合金、$Na_2B_4O_7$（无水硼酸钠）等含硼物质；活化剂多采用 KBF_4（氟硼酸钾）、NH_4Cl、Na_2CO_3 等；填充剂用 SiC 或 $Al_2O_3 \cdot B_4C$ 虽然含硼量高，但价格较贵，因此国内多采用以 Fe - B 合金和 KBF_4 为基的渗硼剂。

2. 膏剂渗硼

近几年来，膏剂渗硼的粘结剂由以往的硅酸乙酯改为高分子树脂，这样除能增加涂层本身的强度和粘着力外，还有催渗效果。在渗硼膏剂外涂敷保护剂，可防止渗剂和工件在高温下氧化。

3. 硼稀土共渗

在固体渗硼时，在粒状渗硼剂中加入一定量的稀土化合物，可明显提高渗硼速度，稀土的加入量越多，催渗效果越明显。如加入 10%（质量分数）稀土，45 钢的渗硼速度提高 20% ~ 30%，GCr15 钢的渗硼速度可提高 20% ~ 40%。在硼砂盐浴渗硼时，以稀土硅合金为还原剂，加入稀土后，可使硼化物层增加厚度 25% ~ 30%。

加入稀土后，渗硼层仍为梳齿状，但硼针比未加稀土的要粗。稀土的加入不仅使渗硼层的化合物层深度增加，而且也会使扩散层明显加深。加入稀土后，45钢硼化物层的显微硬度基本不变，而3Cr2W8V钢硼稀土共渗层的硬度可达1700~1900HV，明显比单纯渗硼层的硬度高。另外，加入稀土后，可使渗硼层的耐蚀性和耐热性得到提高。试验表明，稀土硼共渗比单独渗硼的耐硝酸腐蚀性提高13~20倍。

五、多元共渗技术

多种元素同时渗入金属表面，从而获得多元素共渗层的工艺称为多元共渗。在模具表面应用较多的多元共渗工艺有碳氮共渗、硫氮共渗、硼氮共渗、碳氮硼共渗、硫氮碳共渗等。

1. 中温气体碳氮共渗

碳氮共渗是向钢表面同时渗入碳和氮原子的过程。碳氮共渗的方法有液体碳氮共渗和气体碳氮共渗。其主要目的是提高工件的表面硬度、耐磨性和疲劳极限。目前生产中应用较广的是中温气体碳氮共渗。

中温气体碳氮共渗实质上是以渗碳为主的共渗工艺。共渗的介质实际上就是渗碳和渗氮用的混合气体。目前，我国生产中最常用的是在井式气体渗碳炉中滴入煤油（或甲苯、丙酮等），同时往炉中通入渗氮所需的氨气。在共渗温度下，煤油与氨气除了单独进行渗碳和渗氮外，它们相互间还可发生化学反应而产生活性碳、氮原子。

气体碳氮共渗所用的钢种，大多为低碳或中碳的碳钢和合金钢，其共渗温度常采用820~860℃，共渗时间取决于渗层深度、共渗温度以及所用的共渗介质，一般低碳钢和低碳合金钢采用850℃碳氮共渗时，共渗时间与渗层深度的关系见表6-1。

表6-1 850℃碳氮共渗时间与渗层深度的关系

（介质为70%~80%（体积分数）的渗碳气体+20%~30%（体积分数）的氨气）

共渗时间/h	1~1.5	2~3	4~5	7~9
渗层深度/mm	0.2~0.3	0.4~0.5	0.6~0.7	0.8~1.0

气体碳氮共渗层的碳、氮含量主要取决于共渗温度。共渗温度越高，共渗层的碳含量越高，而氮含量越低，反之，共渗温度越低，共渗层碳含量越低，而氮含量越高。

2. 低温气体氮碳共渗（气体软氮化）

低温气体氮碳共渗实质上是以渗氮为主的共渗工艺，生产上把这种工艺称为气体软氮化。常用的共渗介质有氨加醇类液体（甲醇、乙醇）及尿素、甲酰胺和三乙醇胺等，它们在软氮化温度下发生热分解反应，产生活性氮、碳原子。活性氮、碳原子被工件表面吸收，通过扩散渗入工件表层，从而获得以氮为主的氮碳共渗层。

低温气体氮碳共渗的常用温度为560~570℃，时间为2~3h。因为在该温度与时间下的共渗层硬度值最高；如时间超过6h，共渗层深度增加极慢。

与气体渗氮相比，低温气体氮碳共渗具有以下特点：①渗入温度低，时间短，工件变形小；②不受钢种限制，碳钢、低合金钢、工具钢、不锈钢等材料均可进行低温气体氮碳共渗；③能显著提高工件的疲劳极限、耐磨性和耐蚀性；④共渗层硬而具有一定的韧度，不易剥落。

目前，低温气体氮碳共渗已经广泛用于压铸模、热挤压模、锤锻模、冲压模、塑料模等。但低温气体氮碳共渗层中化合物层厚度较薄（0.01~0.02mm），且共渗层硬度梯度较陡，故不适宜在重载条件下使用。

3. 硫氮共渗和硫碳氮共渗

采用同时渗氮和硫，或同时渗氮碳和硫，可使模具兼有摩擦因数小，耐擦伤能力强和耐磨性好的性能。共渗的结果，最外层组织为渗硫层，紧接渗硫层下面的是高硬度的渗氮层（硫氮共渗）或者是强而韧的氮碳共渗层（硫碳氮共渗）。这样，大大强化了渗层，使其具有渗硫层和渗氮层的优点。并且共渗温度低（500～600℃），变形小。硫氮共渗和硫碳氮共渗已经在热冲模上得到应用，并取得显著效果。

六、渗金属技术

将钢件加热到适当的温度，使金属元素扩散渗入表层的化学热处理工艺称为渗金属。渗金属的方法可分为直接扩散法和覆层扩散法两大类。直接扩散法和其他化学热处理一样，即将模具直接放置于固体、液体或气体的渗金属介质中进行加热扩散，并形成渗层。覆层扩散法是将欲渗的金属，用电镀或喷镀（喷涂）、热浸等方法覆盖在基体金属的表面，然后加热扩散形成渗层。

1. 渗铬

将铬渗入工件表面的化学热处理工艺称为渗铬。其目的是提高工件的耐磨性、耐蚀性和耐氧化性。与电镀铬相比，渗铬层更致密、均匀，并且与基体的结合比较牢固，同时渗铬层的耐蚀性、耐氧化性也比镀铬层好。渗铬方法有固体渗铬法、盐浴渗铬法和气体渗铬法等。生产中应用较多的是固体渗铬法中的粉末渗铬和真空渗铬。

（1）固体粉末渗铬　这种方法的操作与固体渗碳相似，将工件埋放在装有渗铬剂的铁箱中，经严格密封后，加热到渗铬温度保温，使活性铬原子渗入工件表面。常用的渗铬剂组成（质量分数）为铬粉50%（铬的质量分数大于98%，粒度7.5～15μm）和氯化铵2%，其余为氧化铝粉。

铬在铁中的扩散速度比碳的扩散速度慢得多，因此渗铬需要更高的温度和较长的保温时间。固体渗铬通常采用1050～1100℃，保温6～12h。对于低碳钢可获得0.05～0.15mm的渗铬层，高碳钢可获得0.02～0.04mm的渗铬层。

（2）真空固体渗铬法　将渗铬的零件放进装有渗铬剂（渗铬剂与粉末法相同）的炉罐中，把炉罐放入真空炉内，边抽真空边加热升温，主要为防止铬粉在加热时氧化。45钢的渗铬层可达0.02～0.04mm，Cr12钢的渗铬层约为0.01～0.02mm。真空渗铬的渗层质量高，时间短，渗铬剂消耗少，因而获得广泛应用。由于渗铬温度高，时间长，渗铬后工件的心部组织粗化，因此渗铬后必须进行正火或淬火回火处理。

2. 渗钒

渗钒是以提高工件表面耐磨性和耐蚀性为目的，将工件置于能产生活性钒原子的介质中，加热到一定温度并保温，使钒渗入工件表面，并与碳形成碳化物。渗钒的方法有固体粉末渗钒和硼砂盐浴渗钒，目前生产中应用较多的是硼砂盐浴渗钒。

渗钒层在众多硬化层中具有最高的显微硬度，而使渗钒层具有非常好的耐磨性。例如，Cr12钢制作的M18螺母冷镦模经渗钒后使用寿命提高6倍；GCr15钢制作的冷挤轴承环凹模，渗钒后使用寿命提高8倍。硼砂盐浴渗钒所获渗层，不仅耐磨性好，而且具有较低的摩擦因数和优异的抗粘着性能，故多应用于热压模。

第三节　模具表面的热喷涂技术

热喷涂是一种采用专用设备利用热源将金属或非金属材料加热到熔化或半熔化状态，用高速气流将其吹成微小颗粒并喷射到工件表面，形成覆盖层，以提高工件耐蚀、耐磨、耐热等性能的新兴表面工程技术。热喷涂方法的多样性，制备涂层的广泛性和应用上的经济性，是热喷涂技术最突出的特点。从大型钢铁构件的耐磨、耐蚀，到高新技术领域中特殊功能涂层的制备，热喷涂技术均发挥了其独特的作用。

一、热喷涂技术的分类及应用

目前还没有标准的热喷涂分类法，一般主要是根据所用热源的不同分类，分为燃气法、气体放电法、电热法和激光热源法等。

1. 火焰线材喷涂

火焰线材喷涂是最早出现的喷涂方法，其喷涂原理是将线材以控制的速度送入燃烧的火焰中，受热的线材端部熔化，并由压缩空气对熔流喷射雾化、加速，喷射到工件表面形成涂层。该喷涂方法由于熔融微粒所携带的热熔不足，致使涂层与工件表面以机械结合为主，一般结合强度偏低；另外，线材的熔断喷散不均匀造成涂层的性质不均，涂层的组织疏松、多孔，内应力较大。

2. 火焰粉末喷涂

火焰粉末喷涂尤其是氧乙炔火焰粉末喷涂是目前应用面较广、数量较多的喷涂方法，是通过粉末火焰喷枪来实现的。粉末随气流从喷嘴中心喷出进入火焰，被加热熔化或软化，焰流推动熔流以一定速度喷射到工件表面形成涂层。进入火焰的粉末在随后的喷射过程中，由于处在火焰中的位置不同，被加热的程度不同出现部分粉末未熔融，部分粉末仅被软化和存在少数完全未熔颗粒的现象，因此造成涂层的结合强度和致密性不及线材火焰喷涂。

3. 电弧喷涂

电弧喷涂是将两根被喷涂的金属丝作为自耗性电极，输送直流或交流电，利用丝材端部产生的电弧作热源来熔化金属，用压缩气流雾化熔滴并喷射到工件表面形成涂层。电弧喷涂只能喷涂导电材料，在线材的熔断处产生积垢，使喷涂颗粒大小悬殊，涂层质地不均；另外，由于电弧热源温度高，造成元素的烧损量较火焰喷涂大，导致涂层硬度降低。但由于熔粒温度高，粒子变形量大，使涂层的结合强度高于火焰喷涂层的强度。

4. 等离子弧喷涂

等离子弧喷涂是以电弧放电产生的等离子体作为高温热源，以喷涂粉末材料为主，将喷涂粉末加热至熔化或熔融状态，在等离子射流加速下获得很高的速度，喷射到工件表面形成涂层。等离子弧温度高，可熔化目前已知的任何固体材料；喷射出的微粒高温、高速，形成的喷射涂层结合强度高、质量好。

5. 超音速喷涂

超音速喷涂是在 20 世纪 60 年代由美国 Browning Engineering 公司研究的 Jet - Kote 法，并于 1983 年获美国专利。目前应用较广的有超音速粉末火焰喷涂和超音速等离子弧喷涂。

最早开始的 Jet - Kote 超音速粉末火焰喷枪的结构原理如图 6 - 3 所示。燃料气体（丙

烷、丙烯或氢气）和助燃剂（氧气）以一定的比例输入燃烧室，燃气和氧气在燃烧室爆炸

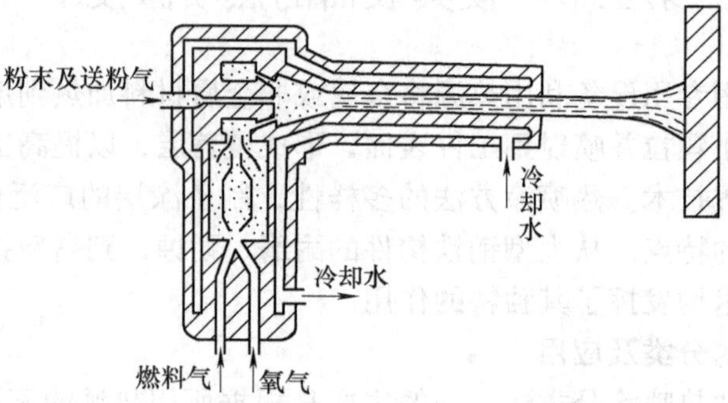

图 6－3　Jet－Kote 超音速粉末火焰喷枪原理

或燃烧，并产生高速热气流；同时由载气（Ar 或 N_2）沿喷管中心套管将喷涂粉末送入高温射流，粉末加热熔化和加速。新发展的超音速粉末火焰喷枪在结构上对 Jet－Kote 喷枪进行了改进，可用比较低的压力输送燃气，而且可以使用乙炔，提高了火焰温度，可实现熔点高于 2000℃材料的喷涂。

超音速粉末火焰喷涂在获得高质量的金属和碳化物涂层上显示出突出的优越性，但难以喷涂高熔点的陶瓷材料，为实现陶瓷材料的喷涂，人们开发了超音速等离子弧喷涂。高电压低电流方式产生超音速等离子射流的原理如图 6－4 所示。大量的等离子气体（主要是 N_2）从负极周围送入，在连接正负极的长筒形喷嘴管道内产生旋流，喷嘴和电极间在很高的空载电压 DC 600V）下，通过高频引弧装置引燃电弧，电弧在强烈的旋流作用下向中心压缩，被引出喷嘴，电弧的阴极区落在喷嘴出口上，由于这样的作用，弧柱被拉长到 100mm 以上，弧电压高达 400V，在弧电流为 500A 情况下，电弧功率达 200kW。这样长的电弧使等离子气体充分加热，当极高温度的等离子气体离开喷嘴后产生超音速等离子射流。

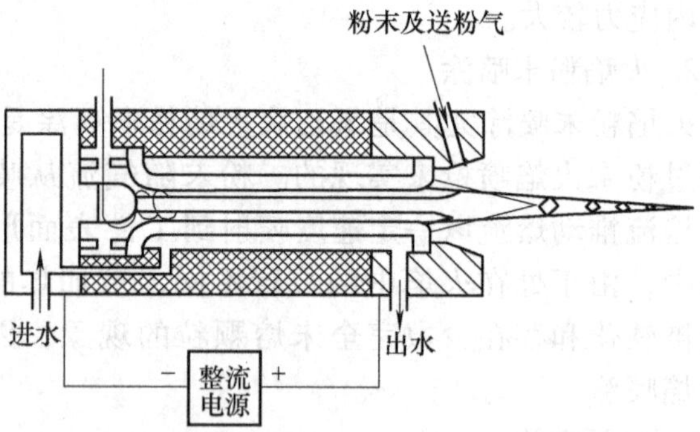

图 6－4　超音速等离子弧喷涂原理

超音速喷涂的主要特点为涂层致密，孔隙率很小，结合强度高，涂层表面光滑，焰流温度高、速度大，可喷涂高熔点材料，熔粒与周围大气接触时间短，喷涂材料不受损害，涂层硬度高。

6. 激光喷涂与喷焊

采用激光作为热源进行喷涂、喷焊，以及对涂层重熔是近年来颇受人们关注的一项新技术。激光喷涂是将从激光器发出的激光束聚焦在喷枪喷嘴近旁，喷涂粉末由压缩气体从喷嘴喷出，由激光束加热熔化，压缩气体将熔粒雾化、加速，喷射到工件表面形成涂层。激光喷焊则是将激光束聚焦在工件表面，通过喷枪将粉末射在激光焦点部位，激光束将粉末和工件表面同时熔融，形成喷焊层。

二、热喷涂技术的特点

近年来，热喷涂技术由早期制备一般防护性涂层发展到制备各种功能涂层，应用领域从各种机械设备、仪器仪表和金属构件的耐蚀、耐磨和耐高温，直到使用条件最荷刻和要求最严格的宇航工业。这是由于热喷涂技术所具有的下列特点决定的：

(1) 方法多样　热喷涂方法多达十几种，可为制备涂层提供多种手段。

(2) 基材不受限制　可在各种材料上喷涂涂层，如金属、陶瓷、玻璃、木材、塑料、石膏、布等材料。

(3) 可喷涂材料极为广泛　几乎所有固态工程材料都可喷涂，如各种金属、陶瓷、塑料、金属和非金属矿物以及这些材料组合成的复合材料等。

(4) 涂层广泛　可以制备单一种类材料的涂层，也可以将性能截然不同的两种以上的材料制备成具有优异综合性能的，满足导电、绝缘、辐射及防辐射等特殊功能要求的涂层。

(5) 涂层厚度可以控制　涂层厚度可以从几十微米到几毫米。

(6) 工艺简便　喷涂并不受工件限制，既可对大型构件表面进行大面积喷涂，也可实现局部表面的喷涂，室内及露天场所均可实施喷涂，工艺程序少，功效高。而且，在喷涂过程中，工件温度不超过200℃，基材几乎不发生组织变化，一般不变形。

第四节　模具表面的涂镀技术

表面涂镀的历史较早，这项表面处理技术的开发最初主要是为了满足人们防腐和装饰的需要。电镀是金属电沉积技术之一。在电解质溶液中，将金属制品作为阴极，以镀层金属作为阳极，通过电解方法在制品表面沉积金属的过程。

1. 电镀铬

在模具上应用较多的是镀硬铬，镀层具有高的硬度和耐磨性，一般为900～1200HV，镀层的厚度一般在30μm以上，由于镀层较厚，能充分发挥镀铬层硬度高、耐磨的特点。镀铬主要用于受冲击力较小的模具，如塑料模具、拉深模具等。

电镀过程通常包括镀前处理、电镀和镀后处理三个阶段。镀前处理主要是去油除锈和活化处理。镀前活化表面的最常用方法是阳极浸蚀，一些钢材是直接在镀硬铬槽中进行镀前反极活化预处理。镀后应尽快在油、烘箱或真空中进行除氢，温度约为100～300℃，常用温度为180℃，时间2～3h以上，对镀前硬度≥55HRC的模具，除氢温度要降到150℃，除氢时间要适当延长。

随着电镀技术的发展，除单金属电镀外，出现了合金电镀和非晶态合金电镀等新的镀层材料和新的电镀方法，极大地拓展了电镀技术的应用领域。合金电镀是在一个镀槽中，同时沉积两种或两种以上金属元素的镀层，从而获得不同于单金属电镀的性能。

2. 非晶态合金电镀

非晶态合金是一种微观近程有序和远程无序的结构，这种结构特征决定了非晶态金属具有许多晶态金属所不具备的优异特性，如高强度、高耐磨性、高透磁率和超导性等。目前，用电镀法制备的非晶态合金镀层已达40余种，其中Ni－P非晶态合金镀层具有较高的强度和硬度，特别是Cr－C非晶态超硬度铬合金镀层，与普通的硬铬镀层相比，其硬度更高，耐磨性更优异。普通硬铬镀层的热强性很差，而非晶态超硬度铬合金镀层加热后的硬度会大幅度提高，在600℃左右达到最高硬度值2000HV，超硬铬镀层中含有碳化物，它不仅提高了镀层的硬度，同时也提高了镀层的润滑性。

3. 复合镀

复合镀是用电镀或化学镀的方法使金属与固体微粒同时沉积到工件表面形成复合镀层的方法。其镀层不是单相的金属或合金，而是借助于形成复合镀层的主体金属与分散微粒的不同，从而获得较高的硬度、耐磨性、耐热性和耐蚀性，而这些性能又是常规的单金属电镀或合金电镀难以得到的，如把金刚石粉和金属一起镀到工件表面，可以获得极耐磨的复合镀层。通过复合镀还可以得到耐蚀复合镀层、减摩复合镀层、耐高温复合镀层等。

复合镀技术能在各种基体表面镀覆任意厚度的镀层，不需要高温就可以制备，因此，复合镀技术作为一种新的镀层方法正日益引人注目，尤其是最近有了较快的发展，从单金属复合镀发展到合金复合镀，又从电镀发展到用化学镀方法来制备复合镀层。

目前，采用电镀法制取的复合镀层的种类很多，可在软的金属基质中沉积硬质颗粒或软质颗粒，还可在硬的金属或合金基质中沉积硬质微粒或软微粒，以提高基体的耐磨性和减摩性。

4. 化学镀

化学镀是将工件置于镀液中，镀液中的金属离子通过获得从镀液的化学反应中产生的电子，在工件表面还原沉积形成镀层的过程。从本质上说是一个无外加电场的电化学过程。

化学镀可获得单一金属镀层、合金镀层、复合镀层和非晶态镀层。与电镀相比，化学镀主要有如下优点：均镀能力好、有良好的仿形性、镀层致密，设备简单、操作方便。复杂模具的化学镀，还可以避免热处理引起的变形。

（1）化学镀镍　镍磷化学镀的基本原理是以次亚磷酸盐为还原剂，将镍盐还原成镍，同时使镀层中含有一定量的磷。沉积的镍膜具有自催化性，可使反应继续进行下去。

化学镀工艺已在多种模具上得到应用，采用化学镀镍强化模具，既能提高模具表面的硬度和耐磨性，又能改善模具表面的自润滑性能，提高模具表面的耐擦伤能力和耐蚀性能，适用于冲压模、挤压模、塑料成型模、橡胶成型模。如45钢制拉深模，经化学镀10μm厚的Ni－P层后，模具表面硬度达到1000HV以上，模具使用寿命延长10倍，产品表面质量明显提高。化学镀镍应用于模具有以下优点：

1）能提高模具表面的硬度和耐磨性、抗擦伤和抗咬合能力。脱模容易，能延长模具使用寿命。

2）镀镍层与基体的结合强度高，能承受一定的切应力，适用于冲压模和挤压模。

3）镍磷合金层具有优良的耐蚀性，对塑料模和橡胶模，可以进行表面强化处理。

4）沉积层厚度可控制，模具尺寸超差时，可通过化学镀，恢复到规定尺寸。

5）挤塑模和注塑模等形状复杂的模具，化学镀镍磷合金，其厚度均匀且无变形。

（2）化学镀复合材料　凡是能够化学镀的金属或合金在原则上都能制得其复合材料。因此，化学镀镍、铜、钴、锡、金和镍基合金等的复合材料是可能的。研究最多的是化学镀镍及其合金复合材料，其中采用SiC、Al_2O_3和金刚石的复合材料获得了广泛的研究。

含SiC的化学复合镀材料是最常用的复合材料之一，因为SiC本质上是化学惰性的，并具有高硬度，可赋予复合材料良好的耐磨性。材料的硬度测试和耐磨性试验表明，Ni－B－

SiC 复合镀层的硬度和耐磨性不仅明显优于 Ni－B 化学镀层，而且远远优于中碳钢和硬铬镀层；经适当处理，复合镀层的硬度和耐磨性将进一步提高，见表 6－2、表 6－3。

表 6－2 几种材料的硬度比较

材　料	硬　度/MPa
中碳钢	3560
硬镀铬	8550
Ni－B 化学镀	7300
Ni－B 化学镀①	8800
Ni－B－SiC 化学复合镀	12630
Ni－B－SiC 化学复合镀①	13490

①经 450℃热处理。

表 6－3 几种材料的耐磨性比较

材　料	磨损率/（mg/km）	
	摩擦块	摩擦环
中碳钢	443.79	490.64
硬镀铬	14.81	14.81
Ni－B 化学镀	2.31	4.08
Ni－B－SiC 化学复合镀	0.41	2.87
Ni－B－SiC 化学复合镀①	0.26	2.61

①经 450℃热处理。

5. 电刷镀

电刷镀是依靠一个与阳极联接的垫或刷提供电镀需要的电解液，电镀时，垫或刷在被镀的阴极工件上移动的电镀方法。从本质上说，电刷镀与槽镀的原理相同，只是施镀的方式不同，不用镀槽，故不称无槽镀或涂镀。

电刷镀是有槽电镀技术的发展，它仍然依靠电流的作用获得所需的金属镀层。因此，许多普通电镀的化学原理和定律都适用于电刷镀。电刷镀使用专用的刷镀溶液、镀笔和阳极，以专用的直流为电源。在电刷镀过程中，镀笔接电源的正极，作为电刷镀时的阳极；工件接电源负极，作为刷镀时的阴极。镀笔与工件以一定的速度做相对运动，镀液中的金属离子在与阳极接触的工件表面上放电结晶，随着时间的延长，镀层厚度增加。

刷镀与槽镀相比，最大优点是镀层质量和性能优良，沉积速度快，镀层结合牢固，工艺简单，易于现场操作，且不受模具形状和大小的限制，成本低，经济效益显著。在模具表面可以镀 Ni、Cr、Cu、Co、Ni－W－Co 等。试验表明，刷镀应用于热作模具，可提高模具使用寿命 50%～200%，如 3Cr2W8V 钢制的连杆盖热锻模，利用刷镀可显著提高模具使用寿命。

在塑料模具表面刷镀镍，可提高模具的表面质量，提高模具表面的耐蚀能力。在修复一些由于毛刺、磨损而损坏的模具工作面时，只要电刷镀一层铜就可以了。随着塑料工业的发展，大型模具已经很难用槽镀方法进行表面处理，而用电刷镀方法可以很方便地解决大型模具的镀层问题。

一般电刷镀层是晶态的，如果采用特殊镀液，可以得到非晶态镀层。非晶态镀层有更高的强度、硬度和更低的摩擦因数。

第五节　模具表面的镀膜技术

气相沉积镀膜技术通常是在工件表面覆盖厚约0.5～10μm的一层过渡元素（Ti、V、Cr、Zr、W、Mo、Ta、Nb、Hf）与C、N、O和B的化合物。按机理可分为物理气相沉积（通称PVD）和化学气相沉积（通称CVD）两种。气相沉积技术已广泛应用于模具的表面强化处理，主要应用的沉积层为TiC、TiN、Ti、（C，N）等，这些涂层具有以下性能特点：①具有很高的硬度（TiC3200～4100HV，TiN2450HV），低的摩擦因数和自润滑性。②具有高的熔点（TiC3160℃，TiN2950℃），化学稳定性好。具有高的抗粘着磨损能力，发生咬合、冷焊的倾向小。③具有较强的耐腐蚀能力和较高的耐高温氧化能力。

一、物理气相沉积（PVD）

物理气相沉积是将金属、合金或化合物放在真空室中蒸发，使这些气相原子或分子沉积在工件表面的方法。物理气相沉积的工艺方法很多，大致可分为真空蒸镀、阴极溅射和离子镀三大类，见表6－4。PVD法的主要优点是沉积温度低，沉积速度较快，无公害。不足之处是沉积层与工件表面的结合力较小，镀层的均匀性较差，设备的造价较高。

表6－4　物理气相沉积（PVD）工艺方法分类

分类	真空蒸镀					阴极溅射						离子镀				
工艺方法	电阻加热蒸镀	电子束加热蒸镀	激光加热蒸镀	高频感应加热蒸镀	离子蒸镀	二极溅射	三极溅射	磁控溅射	对置溅射	离子束溅射	吸收溅射	高频离子镀	空心阴极放电离子镀	感应加热离子镀	活化蒸发离子镀	低压等离子镀

1. 真空蒸镀

在真空环境中把蒸镀材料加热熔化后蒸发，使其大量原子、分子、原子团离开熔体表面，凝结在工件表面上形成镀膜。蒸发材料可以是金属、合金或化合物，制出金属、合金或化合物薄膜。真空蒸镀制成的薄膜具有材料纯、品种多、质量高的特点。相对于后来发展起来的溅射镀膜、离子镀膜技术，真空蒸镀技术具有设备简单可靠、价格便宜、工艺容易掌握，可进行大规模生产的特点。

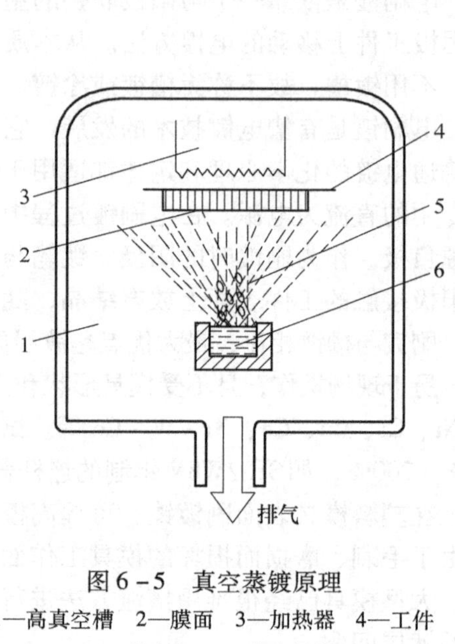

图6－5　真空蒸镀原理
1—高真空槽　2—膜面　3—加热器　4—工件
5—蒸汽流　6—蒸发材料

真空蒸镀的原理如图6－5所示，使被沉积的材料（如TiC）置于装有加热系统的坩埚中，待镀工件置于蒸发源前面。当真空度达到0.13Pa时，加热坩埚使材料蒸发，所产生的蒸气以凝聚形式沉积在工件表面，形成一层薄膜镀层。工件入槽前要进行充分的清洗。一般在工件的背面设置一个加热器，使基板保持一定温度，使膜层与基体之间形成一薄的扩散层，以增大附着力。

2. 溅射镀膜

当用高能粒子（通常是由电场加速的正离子）冲击固体表面时，固体表面的原子、分子与这些高能离子交换动能，从而由固体表面飞溅出来，这种现象称为溅射。飞溅出来的原子及其他离子在随后过程中沉积凝聚在工件表面形成薄膜镀层，称为溅射镀膜。

图 6－6 所示是阴极溅射系统简图，用沉积材料作阴极靶，并接 1～3kV 的直流负高压，在真空室内通入压力为 13.3～0.133Pa 的氩气作为工作气体。在电场的作用下，氩气电离后产生的氩离子轰击阴极靶面，溅射出的原子或分子以一定的速度落在工件表面产生沉积，并使工件受热，溅射时工件的温度可达 500℃左右。

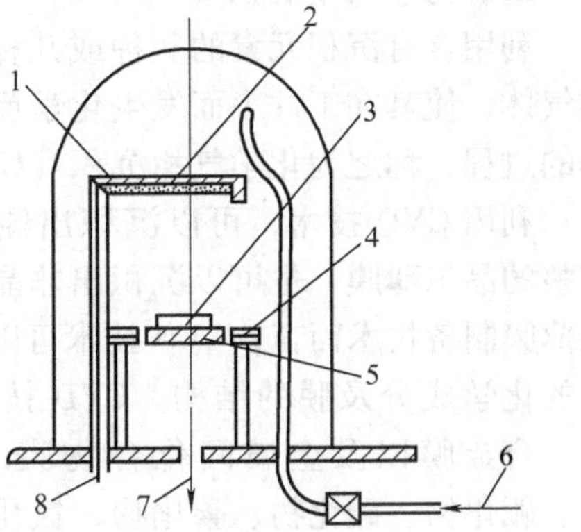

图 6－6　溅射系统简图

1—阴极屏蔽　2—阴极靶　3—工件　4—阳极　5—固定装置　6—气体入口　7—抽真空　8—高压线

溅射镀膜可根据产生溅射离子的方法分为直流溅射镀膜、射频溅射镀膜、磁控溅射镀膜及离子束溅射镀膜等。具体的溅射工艺很多，如果按电极的构造及其配置方法进行分类，主要有如下几类：二极溅射、三极溅射、磁控溅射、对置溅射、离子束溅射、吸收溅射等。常用的是磁控溅射，已开发了多种磁控溅射装置。

磁控溅射的效率高，成膜速度高（可达 2μm/min），而且工件温度低，因此适用性广，可沉积纯金属、合金或化合物。如以钛为靶，引入氮或碳氢化合物气体可分别沉积 TiN、TiC 硬化层。

溅射镀膜具有许多优点：可实现大面积沉积；几乎所有金属、化合物、介质均可作为靶材，在不同材料上得到相应的薄膜镀层；可以大规模连续生产。因此，溅射镀膜技术得到了广泛的应用。用 TiN、TiC 等超硬度层涂覆的模具、刀具，具有优良的耐热、耐磨、耐氧化、耐冲击等性能，可以大幅度延长模具、刀具的使用寿命。

3. 离子镀

离子镀是在真空条件下，利用气体放电使气体或被蒸发物质离子化，在气体离子或蒸发物质离子轰击作用下，把蒸发物质或其反应物蒸镀在工件上。离子镀把辉光放电、等离子技术与真空蒸发镀膜技术结合在一起，不仅明显地提高了镀层的各种性能，而且大大地扩充了镀膜技术的应用范围。离子镀除兼有真空溅射的优点外，还具有膜层的附着力强、绕射性好、可镀材料广泛等优点。例如，利用离子镀技术可以在金属、塑料、陶瓷、玻璃、纸张等非金属材料上，涂覆具有不同性能的单一镀层、合金镀层、化合物镀层及各种复合镀层，而且沉积快（可达 75μm/min），镀前清洗工序简单，对环境无污染，因此，近年来在国内外得到了迅速的发展。

离子镀的基本原理如图 6－7 所示，是借助一种惰性气体的辉光放电使金属或合金蒸气离子化。离子镀包括镀膜材料（如 TiN、TiC）的受热、蒸发、沉积过程。蒸发的镀膜材料原子在经过辉光区时，一小部分发生电离，并在电场的作用下飞向工件，以几千 eV 的能量射到模具表面上，可以打入基体约几纳米的深度，从而大大提高涂层的结合力。而未经电离的蒸发材料原子直接在工件上沉积成膜。惰性气体离子与镀膜材料离子在工件表面上发生的溅射，还可以清除模具表面的污染物，从而改善结合力。

离子镀可以在较低温度甚至在室温进行镀膜，完全保证零件的尺寸精度和表面粗糙度，因此，可以安排在模具淬火、回火后，即最后一道工序进行，使用寿命可以提高 3 ~5 倍。

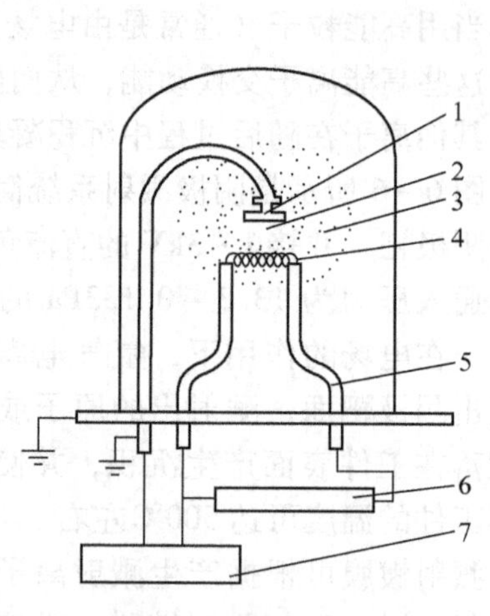

图 6－7　离子镀原理图
1—工件（阴极）　2—阴极暗部
3—辉光放电区　4—蒸发灯丝（阳极）
5—绝缘管　6—灯丝电源　7—高压电源

二、化学气相沉积（CVD）

利用含有沉积元素的一种或几种气相化合物、单质气体，使其在工件表面发生化学反应而形成固体薄膜的过程，称之为化学气相沉积（CVD）。

利用 CVD 技术，可以沉积出纯度高、结构高度完整的晶态薄膜，也可以沉积出非晶态薄膜。相对其他薄膜制备技术而言，CVD 技术可以较准确地控制薄膜的化学成分及膜的结构。CVD 技术可沉积纯金属膜、合金膜以及金属间化合物膜，如铬、硼、碳、硅、硼化物、硅化物、碳化物、氮化物、氧化物、硫化物、金刚石等薄膜，可作为耐磨、耐蚀、装饰、光学等功能膜而得到广泛应用。

CVD 技术的设备简单，适宜大批量生产。与 PVD 技术比较，CVD 技术的主要缺点是薄膜沉积时要求工件的温度高，因而限制了它的应用范围。如沉积氮化物、硼化物作为硬化膜时，工件要加热到900℃以上。

应用于模具上的 CVD 镀层应具有高的硬度、高的耐磨性、低的摩擦因数，以及良好的化学稳定性和热稳定性。满足这些要求的镀层包括 TiC、TiN、Al_2O_3 以及它们的组合，还有 TaC、TiB_2 等镀层。

CVD 技术已应用到拉深模、冲裁模、卷边模、塑料模中。例如，镀有 TiN 的 Cr12 钢模具使用寿命提高 6 ~8 倍，比镀硬铬高 3 ~5 倍。Cr12MoV 拉拔模经镀覆后使用寿命提高 20 倍。使用 TiN 镀层的塑料注射模具生产含 40% 矿物质填料的尼龙零件时，有效地避免了模具被侵蚀和磨损，使用寿命从60 万次增加到200 万次。

近年来，出现了各种各样的 CVD 新技术，采用 CVD 新技术的目的是提高材料的利用率、性能、均匀性及使用寿命等。最常用的 CVD 新技术有脉冲 CVD 法、超声波 CVD 法、等离子体辅助化学气相沉积（PACVD）、基体反应法和喷涂法等。

第六节　模具表面的高能束强化技术

采用激光束、离子束、电子束对材料表面进行改性或合金化的技术是近十几年来迅速发展起来的材料表面新技术，是材料科学的最新领域之一。用这些束流对材料表面进行改性的技术主要包括两个方面：其一，利用脉冲激光器可获得极高的加热和冷却速度，从而可制成微晶、非晶及其他一些奇特的、热平衡图上不存在的亚稳态合金，从而赋予材料表面以特殊的性能，目前的激光器已有足够的能量在短时间内加热和熔化大面积的表面区域；其二，利用离子注入技术可把异类原子直接注入表面层中进行表面合金化，引入的原子种类和数量不受任何常规合金化热力学条件的限制。

这些束流用于材料表面加热时，由于加热速度极快，所以整个基体的温度在加热过程中可以不受影响。用这些束流加热材料表层的深度一般为几微米，加热熔化这些微米级的表层所需能量一般为几个 J/cm^2。

表面合金化之所以引起人们的重视是由于亚稳相的产生。无论脉冲加热或是离子注入都非常有助于形成亚稳组织。所以这些表面合金化一般是在远离平衡及高密度缺陷条件下进行的。

一、激光加热表面处理技术

激光表面处理的目的是改变工件表层的成分和显微结构，从而提高表面性能。激光表面处理技术可分为激光表面热处理和激光表面改性技术两大类。激光表面热处理包括激光淬火、激光退火、激光非晶化、激光冲击硬化、激光晶粒细化等。激光表面改性技术可分为激光表面合金化和激光熔覆两类。

1. 激光表面热处理

激光表面处理是应用光学透镜将激光电子束、离子束聚集到 $10^4 \sim 10^8 W/cm^2$ 以上的高功率密度，光束的焦斑温度达到 $10^3 \sim 10^4$℃的高温，以照射工件表面，并改变工件表面组织和性能的工艺。

（1）激光淬火　激光淬火是铁基合金在固态下经受激光照射，表层被迅速加热至奥氏体温度以上，并在激光停止照射后，快速自冷淬火得到马氏体组织的一种工艺方法。适用于激光淬火的材料主要有灰铸铁、球墨铸铁、碳钢、合金钢和马氏体不锈钢等。

激光淬火能使硬化层内残留有相当大的压应力，从而提高了材料表面的疲劳强度，利用这一点对模具表面实施激光淬火，可大大提高材料的耐磨性和抗疲劳性能。对 45 钢来说，用激光淬火处理后进行的弯曲疲劳试验表明，其疲劳强度可达 120MPa。如果在模具承受压应力的情况下进行激光表面淬火，淬火后撤出外力，可进一步增大残余压应力，并且大幅度提高模具的抗压强度、抗拉强度和抗疲劳强度。

（2）激光非晶化　激光非晶化是用激光表面熔化及快速冷却的方法在工件表面上形成厚度为 $1 \sim 10\mu m$ 的玻璃态非晶化组织，这种非晶组织具有高强度、高韧性和高的耐磨性。

（3）激光冲击硬化　激光冲击硬化是用高强度脉冲激光束照射金属表面，使金属表面薄层迅速汽化，在表面原子逸出期间，发生动量脉冲，产生强的机械冲击波和应力波，使材料表面硬化。激光冲击硬化不仅可以大大提高材料的强度和硬度，而且能有效地提高抗疲劳性能。由于冲击波持续的时间短，因而产生的变形很小。

2. 激光表面改性技术

（1）激光表面合金化　激光表面合金化是利用激光束使合金元素与基体金属表面混合熔化，在很短时间内，形成不同化学成分和结构的表面合金。

表面合金化所用的激光，按其重要性依次排列为二氧化碳（CO_2）激光、掺钕钇铝石榴石（Nd：YAG）激光、掺钕玻璃（Nd：玻璃）激光和掺铬氧化铝（红宝石）激光。在激光表面合金化过程中，激光束和工件保持相对高速运动。为了方便，激光束保持静止而工件高速移动。

向激光熔池中添加合金元素的方法有预沉积法和共沉积法两种。预沉积法包括在工件表面上电镀、热喷涂、真空蒸镀、渗碳、渗硼、渗氮、粘涂疏松的粉末以及安放薄的金属片或金属丝。所有这些都是在激光熔化前完成的，图6－8示意地描述采用预沉积法的激光表面合金化过程。共沉积法是在工件上激光熔化的同时，往熔池内喷注合金粉末、或者送合金线材或棒材。显然单工序的共沉积法比双工序的预沉积法更有吸引力。

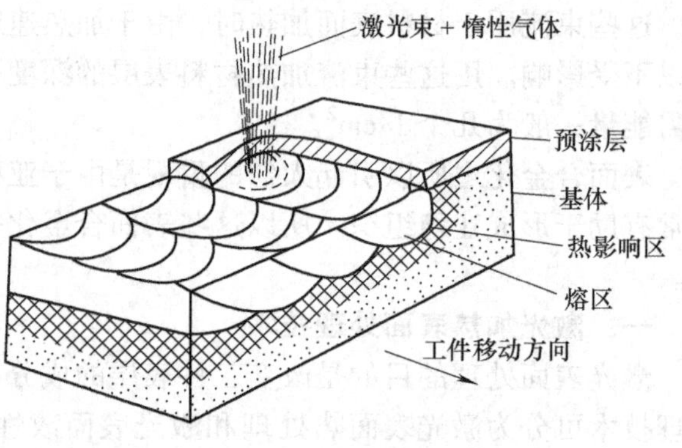

图6－8　激光表面合金化技术示意图

用激光对CrWMn钢进行合金化，可使其磨损率仅为CrWMn淬火钢的1/10，使用寿命为CrWMn淬火钢的14倍。另外，用CrNi在低碳钢表面进行激光合金化，获得w_{Cr}58% $+w_{Ni}$ 20%的合金层，其耐蚀性超过304不锈钢。如果在熔化区提供活性气体，还可以在工件表面形成坚硬的TiC、TiN涂层。

（2）激光熔覆　激光熔覆是利用激光束在工件表面熔覆一层硬度高、耐磨、耐蚀和抗疲劳性好的材料，以提高工件的表面性能。

激光熔覆也可以通过两种方法来完成，其一是预先在工件表面放置松散粉末涂层，然后用激光重熔；其二是在激光处理时，用气动喷注法把粉末注入熔池中。这两种方法中，气动传送粉末技术的成效较高。

激光熔覆有许多优点：可以在低熔点工件上熔覆一层高熔点的合金，可局部熔覆，具有良好的熔界，微观结构细致，热影响区很小。激光熔覆工艺适用的材料范围很广，能实施熔覆的基体材料有低碳钢、合金钢、铸铁、不锈钢、铜和铝合金、镍铬钛耐热合金等，用于熔覆的合金有钴基、铁基、镍基合金。

二、电子束加热表面强化

电子束加热淬火是用电子枪发射的电子轰击金属工件的表面，电子流碰撞材料表面层的原子，动能转变为热能，使工件表层迅速加热，待电子束离开后，工件表面自冷淬火而硬化，表面获得极高的硬度。

电子束加热淬火需要在真空中进行，故能量传递不如激光方便，可控性较差。电子束除用来表面淬火外，还可以进行表面合金化和表面熔覆。电子束与激光束的能量密度大致相同，表6－5是电子束和激光束对钢铁进行淬火时的特征比较。

表6－5　电子束与激光束的比较

项　目	电子束	激光束
能量效率	99%	15%
防止反射	不需要防止反射，反射率为零	需涂敷反射防止剂、反射率为40%
气氛条件	在真空中进行	在大气中进行（但需辅助气体）
能量传递	通过真空器内的移动透镜或电子枪的移动来传送能量	平行光路系统的激光束传送

（续）

项　目	电子束	激光束
对焦	通过控制聚束透镜的电流调节（100～600mm）	由于透镜焦距系统是固定的、所以要移动工作台（150mm）
束偏转	用电控制可选择任意图形（电子束偏转，面偏转等）	要使激光束偏转，必需更换反射镜等，图形是固定的
设备运转费	1（以电子束设备运转费为1）	7～14（电、激光气体、辅助气体）

三、离子注入技术

离子注入是把工件放在离子注入机的真空靶室中，将需要注入的元素在离子源中进行离子化，以几十至几百千伏的电压把形成的离子引入磁分析器，在磁分析器中把具有一定荷质比的离子筛选出来，并导入加速系统；高能离子在扫描电场作用下，可在材料表面纵横扫描，从而实现高能离子对材料表面的均匀注入。金属经离子注入后，在零点几微米的表层中增加注入元素和辐射损伤，从而使金属的耐磨性、摩擦因数、耐氧化性、耐蚀性发生显著变化。经离子注入后，某些金属材料的耐蚀、耐磨和耐氧化性能可提高近1000倍。

与通常的冶金方法不同，离子注入是用高能量的离子注入来获得表面合金层的，因而有以下特点：

1）溶质原子靠高能量撞进金属晶格内，不受热力学平衡条件限制，原则上任何元素都可以注入任何基体金属中。如室温下，氮在钢中的溶解度只有0.001%，但用离子注入可使溶解度达20%。注入所得合金层是亚稳态结构，如过饱和固溶体、非晶态等。

2）注入是一个无热的过程，可以在室温或低温下进行，不会引起工件变形。

3）注入是在真空中进行的，极少发生氧化。

4）注入原子与基体金属间没有界面，因而注入层不会有剥落问题。

离子注入技术的缺点是设备昂贵，成本高。离子注入层较薄，如100ke·V的氮离子注入GCr15钢中的平均深度仅为0.1μm，这就限制了它的应用范围。

目前离子注入中应用较多的有非金属元素N、C、B，耐蚀耐磨合金元素Ti、Cr、Ni，固体润滑元素S、Mo等。

离子注入金属后能显著提高其表面硬度、耐磨性、耐蚀性。离子注入技术在工业上已得到广泛应用，并已取得良好的经济效益。例如，离子注入应用于塑料成型模具、冲压模具都取得了满意的效果，使用寿命延长数倍。

四、高频脉冲淬火

高频脉冲淬火所使用的频率为17MHz，工件表面的功率密度为10～30kW/cm^2，加热和冷却的总时间仅需要2～40ms，淬硬层深度为0.05～0.5mm，由于加热速度极快，奥氏体晶粒被高度细化，淬火后为极细的针状马氏体，使硬度和耐磨性大幅度提高。

思考与练习

1. 试说明表面工程技术的主要内容与方法。
2. 电镀主要包括哪些方法？
3. 模具表面渗碳的目的是什么？主要有哪些渗碳方法？
4. 与渗碳层相比，模具表面渗氮层有哪些性能特点？常用的渗氮方法有哪些？

5. 在模具表面渗硫有什么作用？常用的渗硫方法有哪些？
6. 渗硼层有哪些性能特点？有哪些常用的渗硼方法？
7. 与普通渗硼比较，硼稀土共渗在渗硼层的组织、性能和渗入速度上有哪些优势？
8. 试在方法、性能、应用方面比较气体渗氮、中温气体碳氮共渗、低温氮碳共渗的异同点。
9. 模具表面渗铬与镀铬有什么不同？
10. 请简单叙述热喷涂技术的特点及分类。
11. 电镀铬过程主要包括哪些阶段？复合镀有哪些特点？
12. 与槽电镀相比，电刷镀有哪些优点？
13. 气相沉积镀膜技术可分为哪几类？PVD 的工艺方法主要有哪些？
14. 激光表面处理技术主要有哪些类型和方法？
15. 离子注入技术有哪些特点？

附　录

附录A　模具钢钢号、代号一览表

钢　号	代　号	主要研制或生产单位	主要用途
9Cr6W3Mo2V2	GM	华中科技大学、大冶钢厂	冷作模具
Cr8MoWV3Si	ER5	上海材料研究所	冷作模具
6Cr4W3Mo2VNb	65Nb	华中科技大学、大冶钢厂	冷作模具
7Cr7Mo2V2Si	LD	上海材料研究所、本溪钢厂	冷作模具
5Cr4Mo3SiMnVAl	012Al	华中科技大学、贵阳钢厂	冷、热作模具
6CrNiSiMnMoV	GD	华中科技大学、大冶钢厂	冷作模具
7CrSiMnMoV	CH—1	华中科技大学、首钢特钢公司	冷作模具
8Cr2MnWMoVS	8Cr2S	华中科技大学、首钢特钢公司	冷作模具、橡塑模具
7Mn15Cr2Al3V2WMo	7Mn15	北京钢铁研究院、首钢特钢公司	无磁冷作模具
5Cr4W5Mo2V	RM2	北京机电研究所、本溪钢厂	热作模具
3Cr3Mo3W2V	HM1	北京机电研究所、首钢特钢公司	热作模具
3Cr3Mo3VNb	HM3	北京机电研究所	热作模具
4Cr3Mo3W4VNb	GR	上海材料研究所	热作模具
6Cr4Mo3Ni2WV	CG—2	上海钢铁研究所	冷、热作模具
4Cr3Mo2NiVNbB	HD	华中科技大学	热作模具
2Cr3Mo2NiVSi	PH	华中科技大学	热作模具
4Cr3Mo2MnVNbB	Y4	上海材料研究所	热作模具
4Cr5Mo2MnVSi	Y10	上海材料研究所	热作模具
3Cr2Mo	P20	首钢特钢公司	橡塑模具
3Cr2NiMo	P4410	内蒙古第二机械制造总厂	橡塑模具
25CrNi3MoAl	—	华中科技大学	橡塑模具
5NiSCa	—	华中科技大学	橡塑模具
06Ni6CrMoVTiAl	06Ni	北京钢铁研究总院	橡塑模具
10Ni3MnCuAlMo	PMS	上海材料研究所	橡塑模具
0Cr16Ni4Cu3Nb	PCR	上海材料研究所	橡塑模具
Y55CrNiMnMoV	SM1	上海钢铁研究所	橡塑模具
Y20CrNi3AlMnMo	SM2	上海钢铁研究所	橡塑模具

（续）

钢　　号	代　号	主要研制或生产单位	主要用途
0Cr4NiMoV	LJ	华中科技大学	橡塑模具
4Cr5MoSiV	H11	引进钢种、太原钢厂等生产	热作模具
4Cr5MoSiV1	H13	引进钢种、太原钢厂等生产	热作模具
4Cr3Mo3SiV	H10	引进钢种	热作模具
4Cr5W2VSi	W2	引进钢种	热作模具
6W6Mo5Cr4V	6W6	引进钢种、首钢特钢公司	冷作模具

附录B　我国与主要工业国家常用模具钢钢号对照表

中国 GB/T 1299—2000	国际标准化组织 ISO 4957—1980（E）	美国 ASTM A681—1984	日本 JIS G4404—1983	前苏联 ГОСТ 5950—1973	德国 DIN 17350—1980	法国 NF A35—590—1978	英国 BS 4659—1971
Cr12	210Cr12	D3	SKD1	Х12	X210Cr12	Z700C12	BD3
Cr12MoV			SKD11	Х12МФ	X165CrMoV12		
Cr12Mo1V1	160CrMoV12	D2	SKD11		X155CrVMo121	Z160CDV12	BD2
9Mn2V	90MnV2	O2				90MV8	BO2
CrWMn	95MnCrW1		SKS31	ХВГ	105WCr6	105WC13	
9CrWMn		O1	SKS3	9ХВГ	100MnCrW4	90MWCV5	BO1
6W6Mo5Cr4V		H42					
5CrMnMo				5ХГМ			
5CrNiMo	55NiCrMoV2	L6	5KT4	5ХНМ	55NiCrMoV6	55NCDV7	
3Cr2W8V	30WCrV9	H21	SKD5	3Х2В8Ф		Z30WCV9	BH21
8Cr3				8Х3			
4Cr3Mo3SiV	30CrMoV3	H10	SKD7	3Х3М3Ф	X32CrMoV33	Z32DCV28	BH10
4Cr5MoSiV	35CrMoV5	H11	SKD6	4Х5МФС	X38CrMoV51	Z38CDV5	BH11
4Cr5MoSiV1	40CrMoV5	H13	SKD61	4Х5МФ1С	X40CrMoV51	Z40CDV5	BH13
4Cr5W2VSi				4Х5В2ФС			
3Cr2Mo	35CrMo2	P20			40CrMnMo7		

参考文献

[1] 董允，等．现代表面工程技术［M］．北京：机械工业出版社，2000.
[2] 张启芳，等．常用金属材料标准选编［M］．南京：东南大学出版社，1991.
[3] 蔡美良，等．新编工模具钢金相热处理［M］．北京：机械工业出版社，1998.
[4] 徐进，等．模具钢［M］．北京：冶金工业出版社，1998.
[5] 阎洪．金属表面处理新技术［M］．北京：冶金工业出版社，1996.
[6]《热处理手册》编委会．热处理手册第2卷［M］．北京：机械工业出版社，1991.
[7] 娄德春，等．P20SRE塑料模具钢的热处理及性能［J］．金属热处理，1996（6）.
[8] 赵建生，等．P20BSCa大截面塑料模具钢淬透性的研究［J］．金属热处理，1994（7）.
[9] 杨志刚，等．预硬型贝氏体塑料模具钢基本性能的研究［J］．金属热处理，1993（6）.
[10] 黄宝林．模具钢材的情况介绍及建议［J］．模具工业，1994（5）.
[11] 吴昊．PMS钢在精密注射模上的应用［J］．模具工业，1992（12）.
[12] 胡镇华，等．新型高耐磨冷作模具钢GM［J］．模具工业，1992（10）.
[13] 潘振鹏，等．塑料模具材料的研制与应用［J］．金属热处理，1991（1）.
[14] 陈勇．塑料模具材料及选用［J］．模具技术，1993（6）.
[15] 翁其金．冷冲压与塑料成型工艺及模具设计［M］．北京：机械工业出版社，1996.
[16] 李家驹．陶瓷工艺学［M］．北京：中国轻工业出版社，2001.
[17] 吴兆祥．模具材料及表面处理［M］．北京：机械工业出版社，2000.
[18] 模具实用技术丛书编委会．模具材料与使用寿命［M］．北京：机械工业出版社，2000.
[19] 冯晓曾，王家瑛，何世禹．提高模具寿命指南［M］．北京：机械工业出版社，1994.
[20] 王德文，朱雅年．模具实用技术200例［M］．北京：冶金工业出版社，1990.
[21]《热处理手册》编委会．热处理手册第4卷［M］．北京：机械工业出版社，1991.
[22] 王德文．新编模具实用技术300例［M］．北京：科学技术出版社，1996.
[23] 彭建声．简明模具工实用技术手册［M］．北京：机械工业出版社，1993.
[24] 陈蕴博，等．热作模具钢的选择与应用［M］．北京：机械工业出版社，1993.
[25] 崔昆．我国模具钢的发展［J］．金属热处理，1993（增刊）：16～26.
[26] 朱沅浦，等．金属热处理问答［M］．北京：机械工业出版社，1993.
[27] 胡德昌，等．现代工程材料手册［M］．北京：宇航出版社，1992.